U0324675

天津市科普重点项目

美丽乡村

生活垃圾分类处理图解手册

主编　梁海恬

主审　高贤彪

编者　李　妍　吴　迪　何宗均

王德芳　李　峰　田　阳

赵琳娜　钱　姗　索菲亚

天津出版传媒集团

天津科技翻译出版有限公司

图书在版编目（CIP）数据

美丽乡村生活垃圾分类处理图解手册 / 梁海恬主编. — 天津：天津科技翻译出版有限公司，2017.6

ISBN 978-7-5433-3716-9

Ⅰ.①美… Ⅱ.①梁… Ⅲ.①农村—生活废物—垃圾处理—图解 Ⅳ.① X799.3-64

中国版本图书馆 CIP 数据核字 (2017) 第 129078 号

出　　版： 天津科技翻译出版有限公司
出 版 人： 刘庆
地　　址： 天津市南开区白堤路244号
邮政编码： 300192
电　　话：（022）87894896
传　　真：（022）87895650
网　　址： www.tsttpc.com
印　　刷： 北京博海升彩色印刷有限公司
发　　行： 全国新华书店
版本记录： 710×1020　16开本　5印张　50千字
2017年6月第1版　2017年6月第1次印刷
定价：19.80元

PREFACE 前言

中国要美，农村必须美，美丽中国要靠美丽乡村打基础。习近平总书记强调，普遍推行垃圾分类制度，关系13亿多人生活环境改善，关系垃圾能不能减量化、资源化、无害化处理。要加快建立分类投放、分类收集、分类运输、分类处理的垃圾处理系统。与城市的功能有所区别，农村地区具有生产水果、蔬菜、粮食及畜禽养殖等农副产品的功能，只有安全的土壤、洁净的水和空气才能生产出质量安全的农产品，人们才能吃上健康的食品，因此更要处理好农村生活垃圾的问题。

随着政府对农村生态环境问题关注度的提升，我国在农村垃圾处理方面的工作有所进展，但现行技术并没有从根本上解决农村垃圾处理及消纳的问题。本书推荐的农村生活垃圾处理模式是在中国－加拿大国际合作项目“农村垃圾和生活污水处理与利用技术示范”等多个项目的支持下，引进加拿大的垃圾分类处理技术，并结合天津市农村地区的实际情况，建立的适合农村特点的生活垃圾分类处理与资源化利用模式，主要包括“两桶一网箱”的农村生活垃圾源头分类系统、生态站二级分类系统以及“农户分类—村镇运输—生态站处理”的农村生活垃圾处理方式，涵盖技术、运营、管理、规范等各个方面，是有效的农村垃圾高效处理模式。此外，本书编写组受天津市农村工作委员会委托，制订了“天津市农村生活垃圾处理指南”和“天津市农村生活垃圾处理导则”，用于指导

农村生活垃圾的处理工作。

本书面向不同层次的读者详细介绍了农村生活垃圾分类处理的知识，适合指导农民自学或作为农村青少年科普教育的读物，也可作为基层工作人员的指导手册，尽可能地帮助读者熟练掌握生活垃圾分类处理的方法。农村生活垃圾的分类处理不仅是技术问题，更是社会问题。要加强垃圾分类与环境保护科学知识的普及，辅以奖励激励措施，促进农村垃圾分类的发展，改善农村生态环境，才能真正实现农村垃圾的减量化、资源化和无害化。

在编写本书的过程中，编者们本着严谨求实的态度，所用图片大部分是从农村生活垃圾处理的“两桶一网箱”和二级分类模式在天津市农村地区进行推广应用的实际工作中获得，保证了本书内容的客观性、可靠性和实用性。

由于编者水平有限，书中疏漏和不当之处在所难免，在此恳请专家、同仁与广大读者们批评指正。

本书编写组

2017 年 5 月

目 录
CONTENTS

第一部分

美丽乡村生活垃圾分类背景

第一节 历史和现状

人类文明诞生伊始，生活垃圾便伴随着产生了，并以不同的方式被利用或丢弃。我国传统的农耕文化中，农业生产和消费基本没有分离，人们在有限的范围内进行种植和养殖，以各种方式重复利用那些丧失使用功能的物品，比如将吃剩的饭菜用来喂猪、喂鸡，将畜禽养殖产生的粪尿用来做肥料种庄稼。几千年来传统农业便是通过这种方式保持着天然的循环，人类社会、垃圾和自然界处于和谐统一的功能性链条之中，垃圾作为农业生产循环中不可或缺的要素，尽可能地被自然界所吸纳。

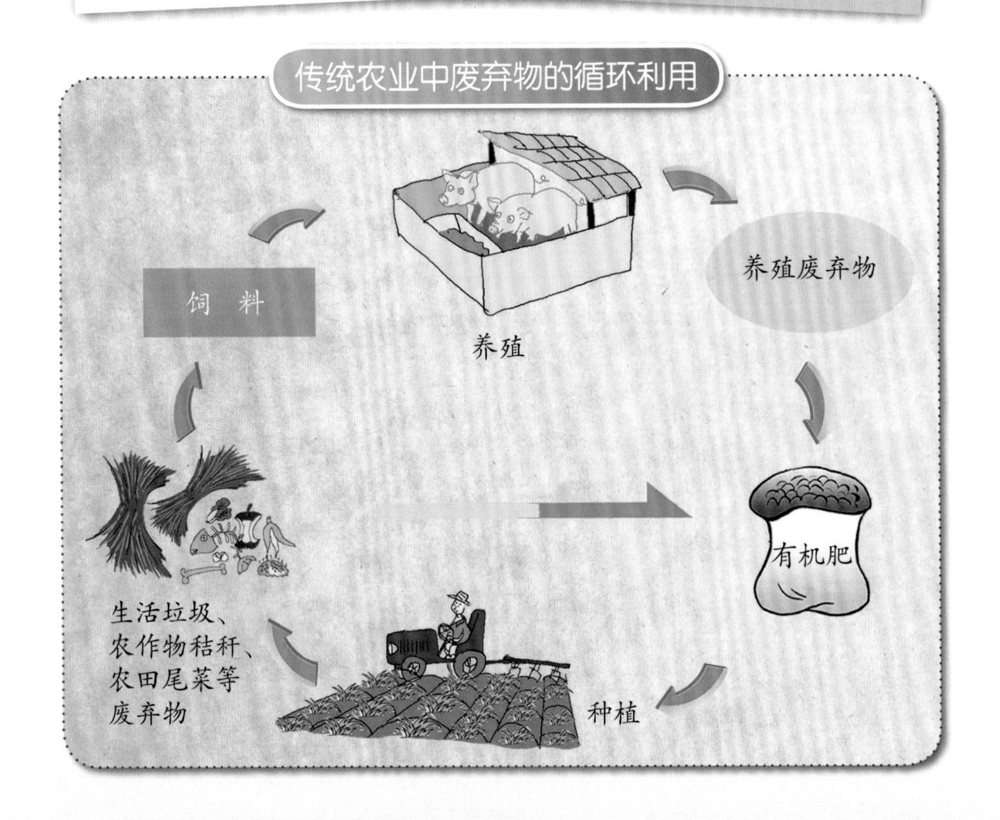

随着农村经济的快速发展，生产与消费出现了分离，为了获得最大化的利润，物品从生产到消费的中间环节越来越多，物品的更新频率也越来越快，垃圾的产生速度也迅速增加。据不完全统计，2015 年我国大中城市的生活垃圾产生量约为 1.86 亿吨，每年我国 4 万个乡镇、近 60 万个行政村产生的生活垃圾总量超过 2.8 亿吨。如果这些垃圾用装载量为 2.5 吨的卡车来运输，所用卡车长度近 126.43 万千米，能绕赤道 30 圈。天津市是我国北方重要的经济城市，都市农业的快速发展和农村城镇化水平的迅速提高已成为天津市社会经济持续发展的强大驱动力，而农村生活垃圾问题已成为制约农村可持续发展不可忽视的限制因素。目前，天津市共有行政村 3786 个，乡村人口总数 405 万人，年产生活垃圾达 150 万吨，若不经任何处理，每年将会占用 100 公顷（1500 亩）土地，而实际中 50% 以上的生活垃圾未经任何处理而随意丢弃，处理方式仍以坑埋、露天焚烧为主，生化处理所占比重很小，垃圾处理问题形势非常严峻。

第二节 生活垃圾对农村生态环境的影响

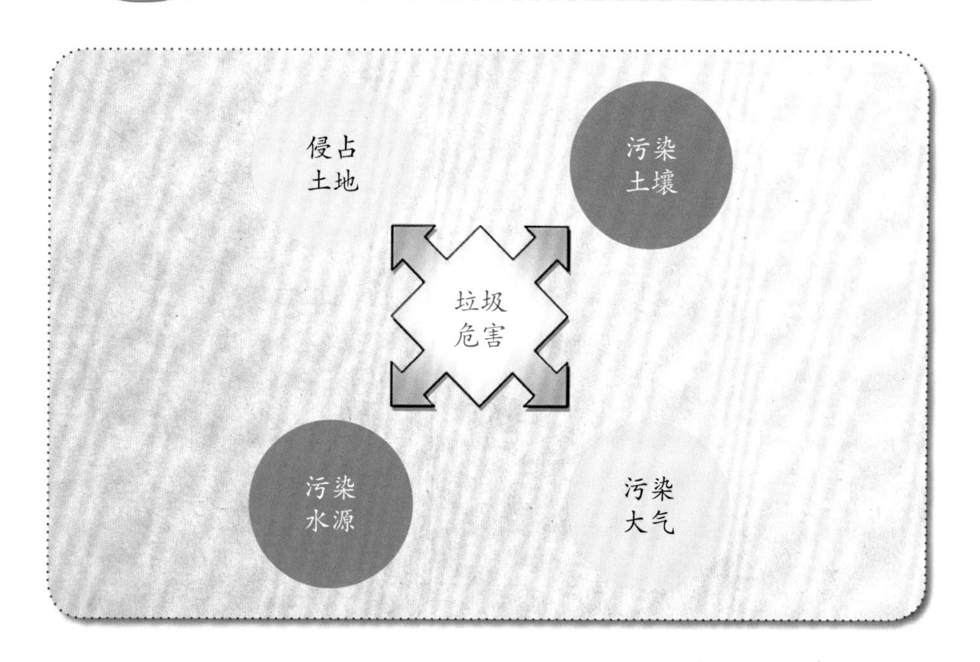

一、侵占土地

我国人均土地面积不足世界平均水平的30%，如果采用卫生填埋的方法处理垃圾，每1万人每年产生的垃圾需要占用0.13公顷（2亩）的土地，这对于我国人多地少的现状，压力十分巨大。

二、污染土壤

未分类的垃圾中可能含有电池、灯管、电子产品等含有重金属的有毒有害物。这类物品与其他垃圾混合后，在物理和化学的作用下，可能产生重金属、有毒污染物等有害物质，随垃圾渗滤液渗入土壤后很难治理，还可能随着农作物的生长进入食物链，危害人体健康。

三、污染水源

大量的农村垃圾堆积在路边、田间地头及倾倒河道，含有难降解的有毒污染物的垃圾渗滤液渗入土壤和地下水中，不仅造成水源污染，也会通过农业用水污染农作物，使污染物转移至农产品中，增加食品质量的安全风险。

四、污染大气

农村垃圾在堆放过程中，细微颗粒、粉尘等随风飞扬，进入大气并扩散到很远的地方。特别是农村垃圾中有机物含量高，在适宜的温度和湿度条件下会发生生物降解，释放出沼气，在一定程度上消耗其上层空间的氧气，使植物衰败。有毒有害物还可能发生化学反应，产生有毒气体，扩散到大气中，危害人体健康。

五、污染农民的居住环境

由于很多农村地区没有完善的垃圾收集与处理设施，很多垃圾被随意地丢弃在农民居住区的前后。春秋季节，风将生活垃圾中废弃的塑料袋、包装纸等物品吹得到处都是；而到了雨季，垃圾浸泡在雨水中，污水横流，异味熏天，蚊蝇成群，严重污染农民的生活环境。

未经无害化处理的农村生活垃圾

路边丢弃

农田尾菜

污染水源

污染土壤

第三节 国内外生活垃圾处理的先进经验

一、垃圾处理方式

国内外广泛采用的垃圾处理方式主要有填埋、焚烧和静态好氧发酵（堆肥），这也是我国农村地区主要采用的生活垃圾处理方式。

1. 垃圾填埋

垃圾填埋是我国目前大多数城市解决生活垃圾出路的最主要方法，根据工程措施、环保标准可分为简易填埋场、受控填埋场和卫生填埋场三个等级，具有技术成熟、处理简单、费用低等优点。但防护措施不当会发生严重的二次污染，并有发生火灾及爆炸的隐患，资源化率低。填埋场服务期满后仍需投资建设新的填埋场，将进一步占用土地资源。

2. 垃圾焚烧

将垃圾置于焚烧炉中，其中可燃成分充分氧化，产生的热量用于发电和供暖。这种方法的最大弊端是在焚烧垃圾时产生二噁英和呋喃气体，因此必须对产生的有毒有害气体进行一系列的处理，同时建设地点需远离居民区。

3. 静态好氧发酵（堆肥）

生活垃圾中可堆腐物配比其他物料进行静态高温发酵，以好氧微生物为主降解、稳定有机物的无害化处理过程即为静态好氧发酵，也称堆肥。由于具有无害化程度高、易于操作等特点，好氧发酵在国内外得到广泛应用。经过发酵处理后，生活垃圾中的可堆腐物处理成卫生的、无味的有机土产品，并可进一步加工为有机类肥料。

二、垃圾分类

垃圾问题很早就受到一些发达国家的高度重视，垃圾分类教育被政府纳入学校教育，希望用一代人的时间来普及垃圾分类，同时生活垃圾的处理方式也随着处理技术、经济发展和人们意识的转变而发生着变化。当人们开始认识到仅靠填埋、焚烧等方式并不能解决这个难题时，如何从源头进行垃圾减量与分类逐渐受到人们的关注，并成为处理垃圾问题的最为有效的方法。

采用物品重复利用、延长物品使用寿命、减少一次性用品的消耗等方式，从源头减少垃圾的产生。采用适合当地垃圾处理方式的分类方法，对生活垃圾进行源头分类和管理。通过采用有效的教育方式，制定相应的法律法规，从多方面对人们的垃圾分类行为进行引导和制约。这些都是世界各国解决垃圾问题的重要方式。经过分类处理的垃圾中所蕴藏的巨大经济价值也吸引了大量的从业人员，垃圾回收作为一项产业在世界范围内迅速发展。从国内外各城市对生活垃圾分类的方法来看，大致都是根据垃圾的成分构成、产生量结合本地垃圾的资源利用和处理方式来进行分类的。下面我们来一起了解一下部分发达国家是怎么处理垃圾问题的。

国家	垃圾处理经验
美国	★ 美国垃圾分类收运与处理系统是一个成熟的商业运作模式 ★ 采取大类粗分与部分居民分类相结合的方式，大体分为可回收物与不可回收物两大类 ★ 典型的特点是焚烧比重大
日本	★ 日本在垃圾分类方面的法律法规是十分完善的，通过法律法规明确了国家、地方政府、企业和民众各参与者所应承担的责任 ★ 大体分为可燃物、不可燃物、资源类、粗大类、有害类，每类垃圾会在一周内指定的回收日收集 ★ 重视幼儿教育及国民教育，垃圾分类意识深入人心

（待续）

（续表）

国家	垃圾处理经验
加拿大	★ 加拿大政府规定垃圾必须分类，具有比较完善的垃圾分类处理设施，如生态站 ★ 不能随意丢弃有害垃圾，必须投放到指定地点 ★ 采用绿、蓝、灰三种颜色的垃圾桶，将生活垃圾分作三大类：有机垃圾（绿色桶）、可回收垃圾（蓝色桶）、不可回收垃圾（灰色桶）
德国	★ 1904 年就开始对城市垃圾进行分类收集，拥有世界上最完善的垃圾分类收集系统 ★ 采用四种颜色的垃圾桶，分别为蓝色（纸类）、绿色（玻璃类）、黄色（塑料类、金属类）和灰色（有机类）。危险垃圾由居民送到指定地点，统一进行无害化处理；学校和大型超市设有废旧电池收集箱；沙发、床垫、冰箱等大型家具、电器垃圾也需要送到指定的回收场 ★ 如果分类不到位，将受到高额罚款，并且个人的社会信誉也会受到影响

不管发达国家还是发展中国家，垃圾分类都在成为一种趋势。垃圾分类对于一向勤俭持家的中国人并不陌生，许多人仍记得 20 世纪五六十年代回收废品的情景：牙膏皮攒起来回收，橘子皮用来制药，生物垃圾用来做堆肥，废布头、墨水瓶等都能得到再利用等。分类后的垃圾，既避免了垃圾公害，又为工农业生产提供了原料。

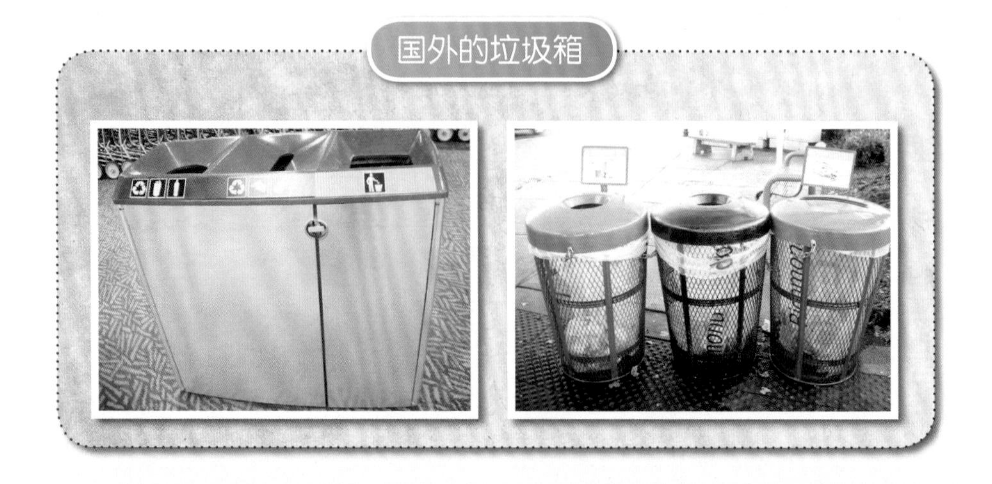

第四节　生活垃圾解决之道——垃圾分类

中国要美，农村必须美，美丽中国要靠美丽乡村打基础。据典型城乡居民的调查研究结果显示，城乡居民的生活方式有所区别，农村居民还要进行种植和养殖，因此农村居民的生活垃圾中可堆腐物的产生量是高于城市居民的。可堆腐物的产生量是影响生活垃圾总产生强度的主要因素，虽然城乡居民生活垃圾中可回收物和有毒有害物的产生特征有所不同，但不是影响生活垃圾总产生强度的主要因素。城市和农村生活垃圾产生特征的这种区别，使得“两桶一网箱”和二级分类模式更适合农村地区生活垃圾的分类处理。对生活垃圾进行“两桶一网箱”的源头分类，将其中的可堆腐物分离，进行单独处理，在生态站进行有氧生物转化，生产出优质的有机土进行资源循环利用，这种生活垃圾的减量处理、循环利用模式，与城市生活垃圾的处理方式相比，更适合农村地区。

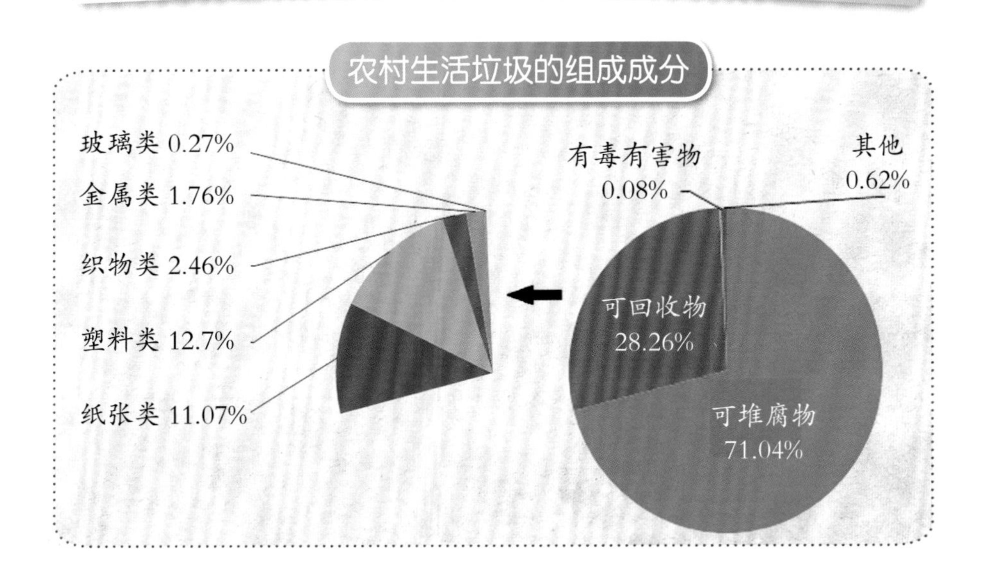

农村和城市生活方式存在很大的差异，对实施垃圾分类有着重要的影响，主要表现在如下几个方面。

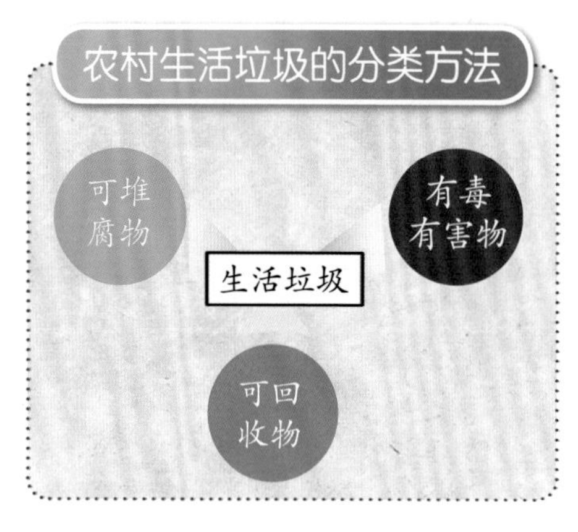

- 生活在农村的人们世代有着相对固定的生活区域，在垃圾对土壤、地下水、食品安全等影响方面，比城市居民有着更为紧密的共同利益。
- 农村农户之间是相互联系的，城市居民之间相对独立，村民的行为举止更容易受乡风乡俗和邻居行为的影响。
- 农村地区人员居住较为集中，组织性强，便于管理，因此更有利于生活垃圾二级分类模式的推广和接受。

生活垃圾“两桶一网箱”和二级分类模式是有效的管理模式。天津市农村地区产生的生活垃圾采用该模式进行分类收集、分类处理，可以从源头对生活垃圾进行分类，有助于实现生活垃圾减量化、资源化和无害化，降低生活垃圾对农村生态环境产生的危害，促进农产品安全生产。该模式可实现垃圾填埋减量 90% 以上，有氧生物转化率达到 70% 以上。采用以户为单元的垃圾分类收集、以村为单位进行联合收集运输，就近建立中小规模集中处理的生态站，进行农村垃圾处理的模式，能够使垃圾综合处理效率提高，运行成本有所降低，为我国农村生活垃圾的分类和处理模式提供了一个典范。该模式为天津市农村地区生活垃圾处理的示范模式之一，并制订了“天津市农村垃圾处理导则”和“天津市农村垃圾处理指南”进行推广，在天津地区起到了示范作用。同时由于这种模式更适合农村地区的实际情况，便于有效地进行宣传，也逐渐被农村居民接受，进一步提高了农村居民的环保意识，产生了长期的社会效益和经济效益，是一种适合农村社会经济、人文条件和自然条件并可持续运行的农村生活垃圾资源化管理模式。

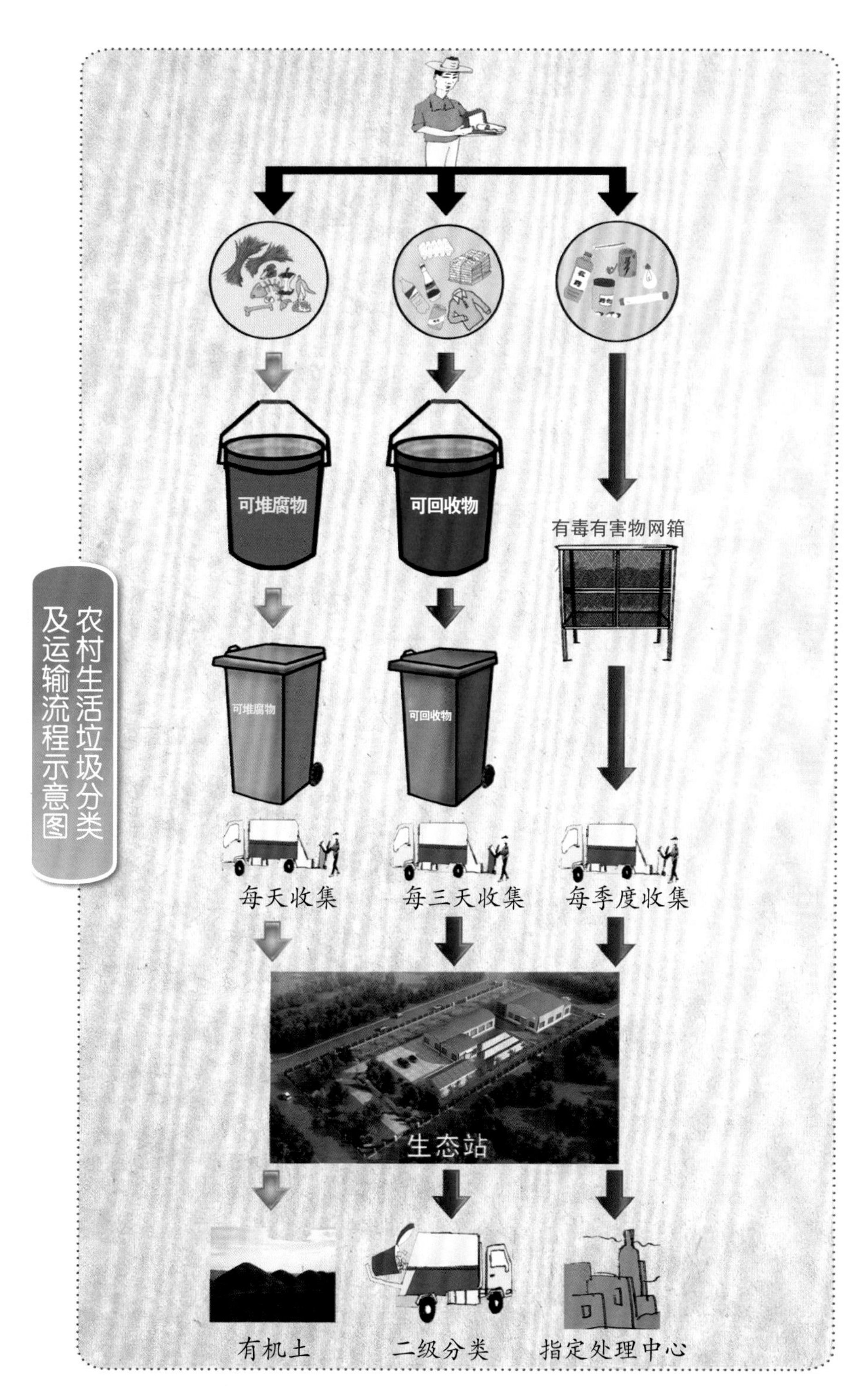
农村生活垃圾分类及运输流程示意图
可堆腐物
可回收物
有毒有害物网箱
可堆腐物
可回收物
每天收集
每三天收集
每季度收集
生态站
有机土
二级分类
指定处理中心

第二部分

分类小知识，环保大作为

第一节 源头减量

垃圾源头减量是什么？是从日常生活中减少垃圾的产量，即延长物品的使用寿命，尽量少使用一次性物品，对失去价值的物品进行再利用。

什么是生活垃圾源头分类行为呢？1982 年，学者 Geller 是这样定义的：在进行生活垃圾管理的过程中，以垃圾产生的源头——个人家庭作为整个管理过程的第一个环节，每个家庭把其产生的垃圾按规定类别分类收集，如将玻璃、报纸、金属、塑料等不同的垃圾分装在不同的垃圾袋中，将这些分类的垃圾分别投放到指定地点的行为。

针对日益严峻的垃圾危机，我国政府在 1994 年将垃圾问题确立为可持续发展的基本战略，并在借鉴国外先进的管理经验和处理技术的基础上，不断加强环境保护基础设施的投入力度。但是垃圾填埋、焚烧、堆肥和回收利用等末端处理办法给环境带来的二次污染问题，已经成为世界性难题。有识之士也明确指出，解决生活垃圾问题需要从源头入手，“垃圾是被丢弃的财富，是放错了地方的资源，科学利用就是宝，弃入环境则为废”。如果能采取科学的办法进行分类，生活垃圾中的废纸、玻璃、塑料、金属和织物等都可以作为资源进行循环利用。

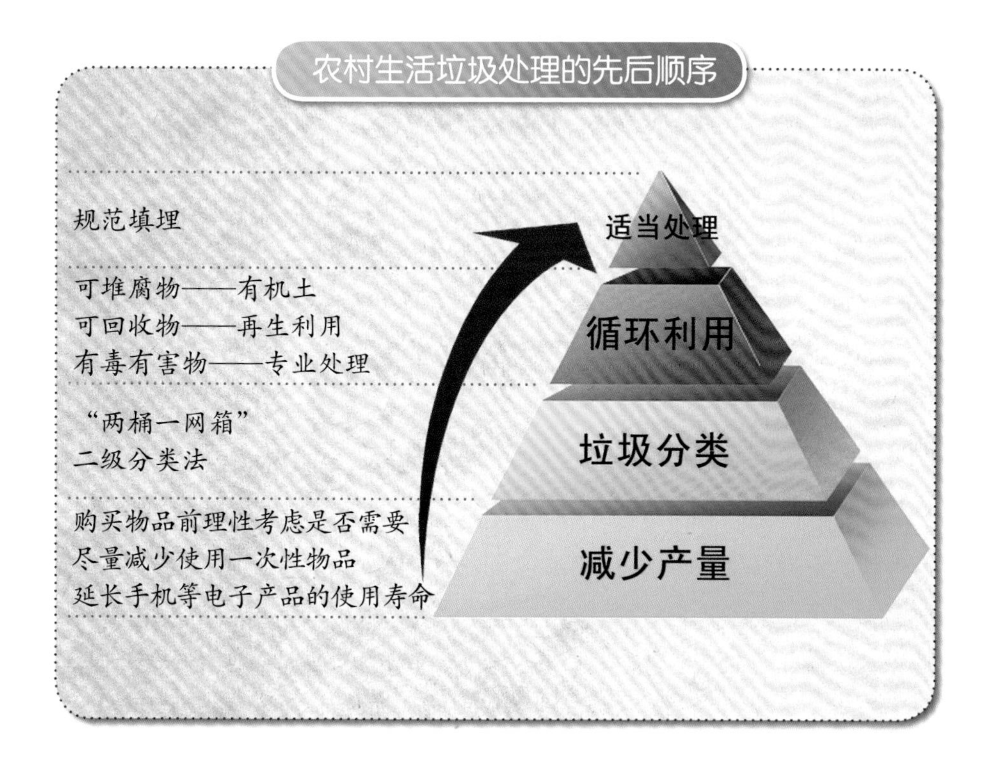

值得注意的是，再生利用是循环利用的最后一步，在扔掉物品之前，我们还要想办法尽量减少垃圾产量，做好物品的重复使用，这就是“3R”，即减少产生（Reduce）、重复使用（Reuse）和再生利用（Recycle）。

1. 减少产生

生活垃圾来源于购买或接受赠送的物品，因此提倡在购物时，应仔细考虑该物品是否需要购买，以减少垃圾的产量。

2. 重复使用

丢弃的很多物品都有继续使用的价值，如果能通过维修延长物品的使用寿命，或者有其他人继续使用该物品，那么这就不是垃圾，而是重复使用，这对减少垃圾的产量是非常重要的。

3. 再生利用

确定无法再重复使用的物品，通过分类的方式进行处理，可以作为其他产品的原材料实现再生利用。

第二节 “两桶一网箱”和二级分类法

一、概念

1. 垃圾分类方法

按照生活垃圾“减量化、资源化、无害化”的原则，从垃圾产生的源头进行分类，对不同性质的垃圾分别采用适宜的方法进行处理，使不同种类的垃圾均能加以利用。根据农村生活垃圾的特点和生活垃圾的处理方式，推荐采用“两桶一网箱”的分类方法，其可减少垃圾运输费用，简化垃圾处理工艺，降低垃圾处理成本，有效实现生活垃圾的减量化和资源化。

2. “两桶一网箱”

“两桶一网箱”是指将生活垃圾分为三类的分类方法，即分为可堆腐物、可回收物和有毒有害物三大类。

（1）可堆腐物（绿色桶）。泛指生活垃圾中可在微生物的作用下发生发酵、腐烂、降解等生化过程而制成有机土的物质。

（2）可回收物（蓝色桶）。泛指便于分离回收、循环利用和加工再利用的废弃物。

（3）有毒有害物（黄色网箱）。指含有复杂化学成分及重金属等易污染环境和威胁、危害人体健康的物质，以及在处理过程中易造成危险、增加处理难度、影响垃圾处理形成产品品质的物质。

农作物秸秆、剩饭菜、水果、蔬菜、枯枝落叶、煤灰、中药渣、卫生纸、动物粪便、扫地土、妇婴用品等

纸张类、塑料类、金属类、玻璃类、织物类等

电池、水银体温计、灯泡、电子元器件、农药杀虫剂及其外包装、药品、化妆品、鞋油等

3. 二级分类法

二级分类法指将按照“两桶一网箱”的方法进行源头分类的农村生活垃圾运送至生态站进行第二级分类，筛除可堆腐物中不能进行堆肥的物料，对可回收物进行再次分类后，进行资源化利用或售卖，有毒有害物送至专门的处理机构进行处理，对不能处理或利用的剩余废弃物运送至垃圾填埋场进行规范填埋。

4. 生态站

生态站是指生活垃圾进行二次分类和资源化处理的场所。主要功能如下。

（1）将生活垃圾中的可堆腐物部分进行全封闭式静态好氧发酵无害化处理成有机土。

（2）将生活垃圾中的可回收物部分进行二次分类，使其资源化。

生态站示意图

以3万人规模设计，占地面积10 000平方米，其中车间和办公建设用地800平方米，处理可堆腐物规模为10~20吨/日。主发酵车间须为封闭式，建有除臭及滤液处理设施。场区周边建设至少2米的绿化防护带。

二、“两桶一网箱”分类方法

1. 分类要点

可堆腐物	可回收物	有毒有害物
厨余垃圾；水果、蔬菜；枯枝落叶；农作物秸秆；骨头内脏、动物粪便；庭院灰土、煤灰、少量煤渣和砖头；烟头；中药渣；卫生纸、卫生巾、纸尿裤等	生活物品；塑料物；橡胶；皮革；织物；鞋类；金属；玻璃瓶；陶瓷器皿；包装盒；书报、杂志；牙膏皮；雨伞；瓶盖；家具；家电	各类电池；灯管、灯泡、水银温度计、暖瓶胆；小电器、线路板、电子元器件；手机；油漆桶、农药瓶、药品、洗涤剂、化妆品、鞋油、鞋刷；杀虫剂、美发用摩丝等起泡瓶；医疗垃圾；碎玻璃、碎瓷砖、陶瓷碎片等尖锐物品（需包裹好后投放）

注：①对于30%以上农户采用煤球类取暖和做饭的村庄，设置增加一类“可填埋物”分类桶，“煤灰、煤渣和砖头”为“可填埋物”；②此分类方法不含建筑类垃圾，建筑类垃圾由村统一进行集中处理。

2. 图解“两桶一网箱”分类方法

农户在家中按照“两桶一网箱”的分类方法将生活垃圾进行分类。

农户将分类后的垃圾自行投放至街道可堆腐物、可回收物中转桶和有毒有害物网箱。

保洁员负责指导分类和保持卫生。清运员在规定时间进行垃圾清运。

有毒有害物定期送至专门处置点。

清洁员将可堆腐物集运至生态站生产有机土，可回收物集运至生态站进行二级分类处理。

3.“两桶一网箱”模式运行配置标准

	标准	容积	颜色、材质
户分类桶	2个/户	20升/个	可堆腐物：绿色、铁质桶 可回收物：蓝色桶
中转分类桶	2个/100人	240升/个	可堆腐物：绿色、铁质桶 可回收物：蓝色桶
有毒有害物网箱	3个/1000人	0.75立方米/个	黄色、铁质网箱
密闭垃圾运输车辆	1辆/2000人	约4立方米	–
保洁员	4名/1000人		
清运员	1名/1000人		

第三节 选择适合的分类方法

一、农村生活垃圾分类基本原则

生活垃圾处理的最终目标都是“减量化、资源化、无害化”，但是由于农村不同地区经济发展水平、人文、生活习惯、地理条件不同，垃圾的产量、组成成分等也存在着多方面的差异。农村生活垃圾成分复杂，含有有毒有害物的生活垃圾如果处理、处置不当，其中的有毒有害物在堆肥过程中通过大气、土壤、地表或地下水体等环境介质进入生态系统，将对人体产生不可逆的危害，因此将有毒有害物从生活垃圾混合物中分离出来是很重要的。农村垃圾分类既要统一化，又要允许多元化，可以根据村庄的实际情况采取不同的垃圾分类处理方法，比如“分两类”、“两桶一网箱”（推荐）、“分四类”等多种分类方法，因地制宜地做好垃圾处理工作。

选择分类方法的基本原则

（1）有毒有害物一定要单独分类，从生活垃圾混合物中分离出来，进行专门处理，避免有毒有害物质进入自然界。

（2）农村生活垃圾中可堆腐物比例高达 70%，将可堆腐物分离出来可以做优质的有机土或有机肥料，还可减少垃圾的填埋量。注意，可堆腐物丢弃时不要用塑料袋包裹。

（3）可回收物分类丢弃可以提高资源的回收利用率，多种材质制成的物品建议拆解后丢弃。

如果能做到以上三点，将会减少垃圾填埋量 90% 以上，从而提高垃圾处理效率。

处理模式	处理地点	分类方法	适用范围	特点
村收集、镇运输、区处理模式	垃圾处理场	“分两类”：生活垃圾 有毒有害物	清洁村庄达标村	垃圾处理场处理系统
资源化利用模式（生态站模式，推荐模式）	生态站	“两桶一网箱”：可堆腐物 可回收物 有毒有害物	美丽村庄 清洁村庄 重点村	资源化程度高，可减少垃圾填埋量 90% 以上
就地减量模式	村	“分四类”：可堆腐物 可回收物 可填埋物 有毒有害物	美丽村庄 清洁村庄 重点村	就地处理

二、“分两类”分类方法

1. 适用范围

适用于村落相对集中、连片示范镇区域的清洁村庄达标村，周边已建有规范的垃圾处理场。

2. 分类原则

将有毒有害物从生活垃圾中分离出来。

3. 分类要点

生活垃圾 

生活物品; 塑料物; 橡胶; 皮革; 织物; 鞋类; 金属; 玻璃瓶; 陶瓷器皿; 包装盒; 书报、杂志; 牙膏皮; 雨伞; 瓶盖; 家具; 家电; 厨余垃圾; 水果、蔬菜; 枯枝落叶; 农作物秸秆; 骨头内脏、动物粪便; 庭院灰土、煤灰、少量煤渣和砖头; 烟头; 中药渣; 卫生纸、卫生巾、纸尿裤等

有毒有害物 

各类电池; 灯管、灯泡、水银温度计、暖瓶胆; 小电器、线路板、电子元器件; 手机; 油漆桶、农药瓶、药品、洗涤剂、化妆品、鞋油、鞋刷; 杀虫剂、美发用摩丝等起泡瓶; 医疗垃圾; 碎玻璃、碎瓷砖、陶瓷碎片等尖锐物品(需包裹好后投放)

注：此分类方法不含建筑类垃圾，建筑类垃圾由村统一进行集中处理。

4. 图解“分两类”分类方法

农户将有毒有害物从生活垃圾中分出来，并用塑料袋包好，其余垃圾倒入垃圾桶中。

农户将生活垃圾自行投放至街道垃圾容器内，有毒有害物投放至有毒有害物网箱。

由保洁员统一收集至村内垃圾中转站。

有毒有害物定期送至专门处置点。

由镇将各村中转站内垃圾运至区县指定垃圾处理场处理。

5. “分两类”模式运行配置标准

	标准	容积	颜色、材质
户分类桶	–	–	–
中转分类桶	2个/100人	240升/个	生活垃圾：铁质或塑料桶
有毒有害物网箱	3个/1000人	0.75立方米/个	黄色、铁质网箱
密闭垃圾运输车辆	1辆/2000人	约4立方米	–
保洁员	4名/1000人		
清运员	1名/1000人		

三、“两桶一网箱”分类方法

1. 适用范围

适合以行政乡镇或村落相对集中的示范镇或片区为一个处理单元，实施生活垃圾源头分类和处理一体化的建设，分类后的生活垃圾运送至生态站进行处理，可实现生活垃圾填埋量减少90%以上。

2. 分类原则

分为可堆腐物、可回收物和有毒有害物三类。详见第二部分第二节。

四、“分四类”分类方法

1. 适用范围

适用于1个独立行政村或1~3个相邻较近的行政村、生态旅游村。分类后的生活垃圾实现就地处理。

2. 分类原则

分为可堆腐物、可回收物、可填埋物和有毒有害物四类。

3. 分类要点

可堆腐物	可回收物	可填埋物	有毒有害物
厨余垃圾；水果、蔬菜；枯枝落叶；农作物秸秆；骨头内脏、动物粪便；庭院灰土；烟头；中药渣；卫生纸、卫生巾、纸尿裤等	生活物品；塑料物；橡胶；皮革；织物；鞋类；金属；玻璃瓶；陶瓷器皿；包装盒；书报、杂志；牙膏皮；雨伞；瓶盖；家具；家电等可以回收资源化的部分	碎玻璃；碎瓷砖、瓦片和陶瓷片；煤灰、煤渣和砖头	各类电池；灯管、灯泡、水银温度计、暖瓶胆；小电器、线路板、电子元器件；手机；油漆桶、农药瓶、药品、洗涤剂、化妆品、鞋油、鞋刷；杀虫剂、美发用摩丝等起泡瓶等

注：对于30%以上农户以采取煤球类取暖和做饭的村庄，设置增加“可填埋物”分类桶。

4. 图解“分四类”分类方法

农户在家中按照可堆腐物、可回收物、可填埋物和有毒有害物四类的分类方法将生活垃圾进行分类。

农户将分类后的垃圾自行投放至街道可堆腐物、可回收物、可填埋物中转桶和有毒有害物网箱。

保洁员负责指导分类、保持卫生和垃圾清运。

有毒有害物定期送至专门处置点。

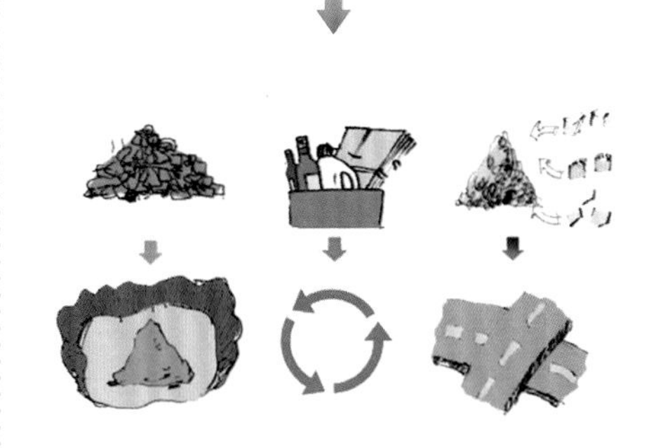

保洁员将可堆腐物堆沤成农家肥料，可回收物分类售卖资源回收，可填埋物集中至村内进行规范填埋。

5．“分四类”模式运行配置标准

	标准	容积	颜色、材质
户分类桶	3个/户	20升/个	可堆腐物：绿色桶 可回收物：蓝色桶 可填埋物：灰色、铁质桶
中转分类桶	3个/100人	240升/个	可堆腐物：绿色桶 可回收物：蓝色桶 可填埋物：灰色、铁质桶
有毒有害物网箱	3个/1000人	0.75立方米/个	黄色、铁质网箱
密闭垃圾运输车辆	5辆/1000人	0.5~1立方米	–
保洁员车	1辆/2000人	–	–
清运员	5名/1000人	–	–

第三部分

开启生活垃圾“两桶一网箱”分类之旅

第一节 可堆腐物

可堆腐物在农村生活垃圾中约占 70% 的比例，这类垃圾主要包括农作物秸秆、农田尾菜、畜禽粪便、园林剪切物、吃剩的饭菜、水果、蔬菜、小骨头、茶叶、枯枝落叶、煤灰、中药渣、卫生纸、动物粪便、扫地土、厕卫用品等。这类垃圾如果不及时处理，会散发臭味、渗出汁液或滋生蚊蝇等害虫，堆放在田间地头或垃圾收集场所也可能被流浪的动物咬破挑开，污染环境，给后面的处理带来难度。

可堆腐物，顾名思义是一类可以通过堆肥的处理方法进行腐解的生活垃圾，通过微生物的作用将垃圾中的有机成分进行分解，生成可用作肥料的腐殖质以及二氧化碳、水和热量等物质。我国是拥有千年农耕文化的农业大国，历史上有些农民将这类垃圾进行简单的堆肥发酵，作为肥料施入土壤，进而为庄稼提供养分。如果能将生活垃圾中的可堆腐物进行准确的分类收集，并从源头去掉其中的塑料袋（盒、瓶）、纸袋（盒）、布袋、玻璃瓶、金属罐等外包装物及难以腐解的杂物，那么这类垃圾将会变废为宝，成为可以用于农业生产的优质肥料或有机土。

一、可堆腐物（每天收集）

可堆腐物	农作物秸秆、农田尾菜、畜禽粪便、园林剪切物、吃剩的饭菜、水果、蔬菜、小骨头、茶叶、枯枝落叶、煤灰、中药渣、卫生纸、动物粪便、扫地土、厕卫用品等

（待续）

（续表）

丢弃方法及注意事项	★ 农户在家中将可堆腐物直接丢入可堆腐物收集桶中（注意不要用塑料袋包裹），再将桶中的可堆腐物倒入街道上的可堆腐物中转桶中，由保洁员每天定时收集，转运至生态站进行处理 ★ 吃剩的饭菜等厨余垃圾应彻底沥干水分后再丢弃 ★ 竹签或牙签等尖锐的小物品，应折断尖端或折成两段后再丢弃 ★ 如果含有纸质（盒、袋、杯）、塑料（盒、袋、杯）、金属（盒、瓶）、玻璃瓶或织物等其他材质成分应拆下后再丢弃。一次性餐盒应倒空内容物后放入可回收物收集桶 ★ 细小树枝等可用纸绳或麻绳捆扎后丢弃，如玫瑰等带刺的树枝应用纸包裹后再丢弃 ★ 农户小菜园产生的少量农作物秸秆和蔬菜秧子需锯短（长度小于20 厘米）或切碎，可用纸绳或麻绳捆扎后再丢弃 ★ 大田或大棚产生的大量农作物秸秆和蔬菜秧子，请联系当地的农业废弃物处理机构进行集中处理
处理方法	在生态站进行静态好氧堆肥，生产有机土

二、属于可堆腐物的物品

小贴士
扔出烟头时，一定要完全熄灭后再丢弃。

可回收物在生活垃圾中约占 28% 的比例，这类垃圾主要包括生活物品中的塑料物、橡胶、皮革、织物、鞋类、金属、玻璃、陶瓷器皿、包装盒、书报、杂志、牙膏皮、雨伞、瓶盖、家具、家电等。

“两桶一网箱”分类方法中，农户将生活垃圾中的可回收物放入可回收物收集桶中；也可将其中能回收卖钱的物品出售给废品回收站，剩余部分送至生态站。生态站工作人员会依据物品的材质进行分类处理，通过对纸张类、塑料类、玻璃类、金属类和织物类垃圾进行分类回收和利用，这样不仅可以节约资源，还能减少生产加工过程中的环境污染。

可回收物的循环利用是指对失去使用价值的物品进行再生利用的过程。比如纸张使用后变成废纸，把它加工成纸后可以再次利用；金属罐头瓶经过高温处理后可以再次加工成钢材原料；废弃的玻璃制品可以通过高温工艺熔化后进行再次利用；有些物品可能是由不同零件加工而成的，比如雨伞，骨架是金属材质，手柄可能是塑料材质，防雨布是织物材质，这类物品拆解为零件后，按不同的材质都可以进行再生利用。

塑料	金属	玻璃	纸张	织物	橡胶	利乐包装
1吨废塑料至少能回炼600千克汽油和柴油	1吨废钢铁可炼好钢铁900千克，节约矿石3吨	1吨废玻璃可生产篮球场大小的平板玻璃或2万个玻璃瓶	1吨废纸可生产再生纸850千克，相当于少砍17棵大树	旧衣物布料等可通过燃烧进行发电	废旧轮胎经过粉碎加工后可制成再生橡胶砖或胶粉用于道路的建设	利乐包装含75%纸浆、5%铝和20%塑料，可分类回收或做成文具、桌椅、建筑材料等

可回收物	生活物品中的塑料物、橡胶、皮革、织物、鞋类、金属、玻璃瓶、陶瓷器皿、包装盒、书报、杂志、牙膏皮、雨伞、瓶盖、家具、家电等
丢弃方法及注意事项	★ 农户在家中将可回收物直接丢入可回收物收集桶中，再将桶中的可回收物倒入街道上的可回收物中转桶中，由保洁员每周定时收集，转运至生态站进行处理 ★ 袋子、杯子、瓶、罐等容器，必须用尽内容物，取下盖子，洗净晾干后再丢弃，尽量不留残渣 ★ 空纸盒、塑料瓶、金属罐等容器压扁后再丢弃，尽量减小容积 ★ 由塑料、金属、织物等多种材料制成的物品，尽量按材质拆解后丢弃 ★ 纸张类及织物类丢弃时请避开雨天
处理方法	在生态站进行二次分类，按照不同的材质进行循环利用或填埋

1. 纸张类

2009—2013年，我国废纸综合利用量呈缓慢上升趋势。2013年，纸及纸板的消费量为9810万吨，废纸综合利用量为4377万吨，废纸综合利用率约为44.7%（宋国君，中国城市生活垃圾管理状况评估报告，2015）。

日常生活中纸张类可回收物种类繁多，主要包括各种纸质包装盒、包装纸、纸质包装袋、纸箱、废旧报纸、杂志、图书、本、信封、纸质档案盒、广告宣传纸、打印纸、纸杯、纸质餐具、纸质鸡蛋托、纸质玩具及纸质工艺品等。纸类的主要生产原料是木材、芦苇、麦秆、竹等植物纤维。纸张类循环利用的原理很简单，纸张的生产是把各种纤维挤干压在一起，而纸张的循环则是浸泡在水中使纤维分离制成纸浆，再生产新的纸制品。循环利用的次数越多，纸纤维的长度越短。

纸张类循环利用的主要问题是纸制品通常夹带一些其他材质的物品，比如塑料封皮、订书钉、印刷油墨、胶装书籍杂志用的胶水等，这些都会影响再生纸的质量。水溶性强的纸张或太脏的纸是不能回收利用的，比如卫生纸巾，由于它水溶性强，容易分解，属于可堆腐物。

家庭中首先要树立节约用纸的观念，比如打印纸双面打印，将传统的纸质传单升级为电子传单，这对纸张类物品的源头减量是非常有益的。其次，废旧报纸、杂志、图书、本、广告宣传纸、打印纸等纸制品，有些可以作为二手物品与他人进行交换，延长使用寿命。其余的纸制品可以按种类整理整齐，并用纸绳或细绳捆扎后丢弃，丢弃时请避开雨天。纸盒、纸杯等纸质包装物需拆解下塑料、金属、玻璃等不同材质的材料，弄干净后，压扁丢弃，以减小体积。

丢弃方法

★ 按照旧报纸、旧书籍杂志、纸盒纸箱等分类，整理整齐，用纸绳或细绳捆扎后丢弃。

★ 将纸质物品上的金属、织物等不同材质进行拆解后丢弃。

★ 热敏纸、蓝靛纸、复写纸等属于有毒有害物，应丢弃至有毒有害物网箱，由专业人员送至专业部门进行处理。

★ 纸盒、纸杯等纸质食品包装,需清空内容物,弄干净后压扁丢弃。

★ 牛奶、酸奶等乳制品的纸盒、纸杯及利乐包装，需清空内容物，洗净、晾干、压扁后丢弃。

★ 纸张类可回收物丢弃时请避开雨天。

2. 塑料类

塑料是日常生活中使用最频繁的一类物品，主要包括各种各样的塑料包装、塑料购物袋、保鲜膜、农用棚膜、地膜、育苗钵、花盆、滴灌管、塑料绳、矿泉水瓶、调料瓶、日化用品瓶、一次性餐具和餐盒、发泡填充物、牙刷、口杯、牙膏皮、塑料拖鞋、雨衣、PVC 软管、塑料盆、儿童玩具、塑料工具、装饰品等，几乎可以涵盖生活的各个方面，为我们的日常生活带来极大的便利。

塑料的主要原料是石油的副产品，它来源于自然界，但在自然条件下却很难分解，塑料可能需要 100~200 年甚至更长的时间才能降解。现代农业中大量应用的棚膜、地膜的使用寿命一般为 1~2 年，在提高农业生产效率的同时，也对环境产生了污染。棚膜、地膜老化后如果埋在土壤里会污染土壤，导致土壤板结，破坏土壤的透气性能，降低土壤肥力，进而影响农作物对水分、养分的吸收，阻碍作物根系的生长，从而造成农作物的大幅度减产，使耕地劣化。塑料添加剂中的重金属离子及有毒物质会在土壤中通过扩散、渗透，直接影响地下水质和植物生长。有些动物如果误食了塑料袋，甚至会丧失生命。

如果采用焚烧的方法进行处理会释放多种有毒气体，污染空气，影响人体健康，比如二噁英可能会导致人体肝损伤、神经损伤，诱发癌症等。值得庆幸的是，科学家们已经发明了一种新方法，即用玉米淀粉、蔬菜油等生物材料在微生物的作用下制成生物塑料，这种塑料埋在土里可以很快被降解，如果未来这种生物塑料制品的成本能够降低，相信这是解决塑料垃圾这个全球性难题的最好方法。

丢弃方法

★ 农用棚膜、地膜等农用塑料制品，请折叠成小体积，用细绳捆扎后丢弃。

★ 塑料材质的农药瓶、除草剂瓶、药水瓶、药片瓶等包装属于有毒有害物，应丢弃至有毒有害物网箱，由专业人员送至专业部门进行处理。

★ 压扁塑料瓶身后丢弃，以减小体积。

★ 矿泉水瓶、饮料瓶、调料瓶、牛奶瓶等塑料食品瓶，应用尽内容物，取下瓶盖，揭去商标，弄干净后丢弃。瓶盖和商标应依据材质进行丢弃，或送至废品回收站收集处理。

★ 请减少塑料袋的使用量，并做好塑料袋的重复利用。

3. 玻璃类

玻璃是一类可以无限循环利用且不能被生物降解的材料，除了采用循环利用的方法外，用任何垃圾处理的方法都很难处理。日常生活中的玻璃制品主要有各种玻璃瓶、玻璃包装、玻璃碗、玻璃镜、玻璃锅盖、钟表罩等。值得注意的是，碎玻璃、碎瓷砖、陶瓷碎片等物品有尖锐的边缘，可能会划伤工作人员，增加垃圾后续处理难度，属于有毒有害物，需包裹后放入有毒有害物网箱，由工作人员处理。

理论上讲，将石英砂、石灰石和碳酸盐等混合物加热到1500℃，再把形成的熔浆倒进模子里就可以生产出玻璃，生产1吨玻璃需要大约300千克的石油。但是如果加入经过处理并研磨碎的玻璃，就可以降低加热的温度，平均每利用1吨玻璃可以节省大约100千克的燃料。

玻璃循环利用的主要问题是里面夹有杂物，例如瓶塞、金属瓶盖、标签、内容物以及不同颜色的玻璃混合等，这些都会影响玻璃的熔化和再生玻璃制品的纯净度。

包装押金的方法使玻璃瓶可被系统地循环利用，仅需要清洗和运输的费用，就可以节省玻璃生产过程中的能源成本，很多废品回收站也可以回收玻璃瓶。但是随着玻璃生产商生产出形状、品种、颜色、容量、规格各异的玻璃包装，使得玻璃瓶的回收利用变得非常复杂，玻璃制品变成了“玻璃垃圾”。

如果在家庭源头分类环节中能够去掉玻璃中的杂物，弄干净并按玻璃颜色进行分类，那么完全可以满足玻璃厂对原材料的要求，制成玻璃轻石、泡沫玻璃、玻璃钢格栅等玻璃制品，回到我们的生活中，使玻璃回收成为循环利用材料中的典范。

属于玻璃类的物品

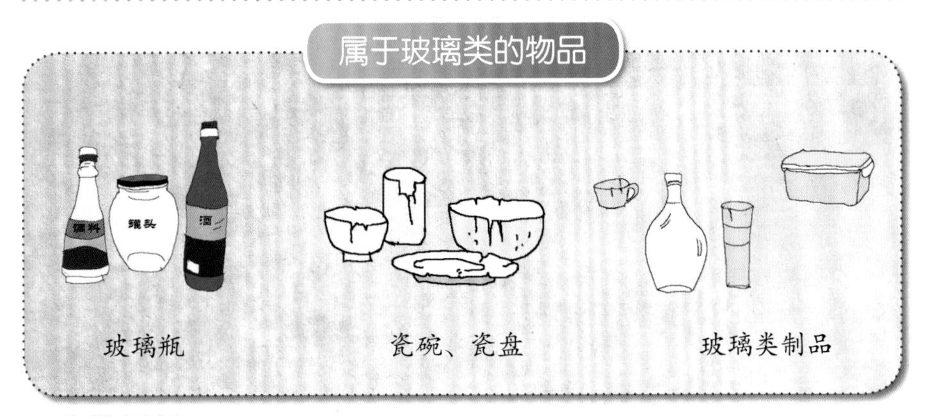

丢弃方法

★ 饮料和食品玻璃瓶，应用尽内容物，取下塑料盖和塑料封口膜，揭去商标，弄干净后丢弃。塑料盖和塑料封口膜应作为塑料类可回收物丢弃，商标应依据材质进行丢弃。

★ 破碎的玻璃有尖锐的边缘，可能会划伤保洁人员，并对回收利用产生不利影响，应放入透明塑料袋中包裹好，放入有毒有害物网箱。

★ 玻璃材质的农药瓶、除草剂瓶、药水瓶、药片瓶等包装属于有毒有害物，应丢弃至有毒有害物网箱，由专业人员送至专业部门进行处理。

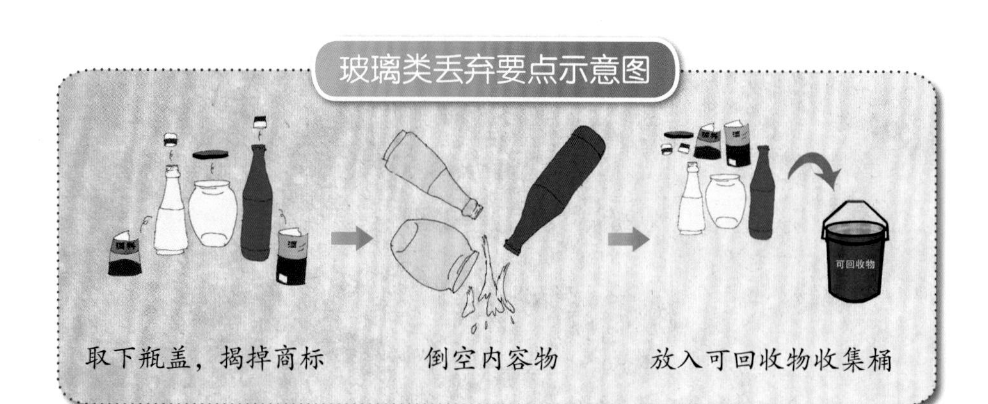

4. 金属类

日常生活中的金属类可回收物主要包括金属材质的啤酒或饮料易拉罐、食品罐头盒、马口铁盒、金属包装、雨伞骨架、剪刀、菜刀、金属架、厨房用具、五金工具、报废电子产品和农机具的金属部件等。依照不同材质可分为铁、铝、铜、锡、不锈钢以及各种稀有金属。

大部分金属都是从矿石资源中提炼出来的，而地球上的矿石资源是有限的、不可再生的资源。有资料显示，回收金属不仅可以完全替代矿石生产出新的金属制品，还可以减少冶炼金属对水、空气和土壤造成的污染。铁是由铁矿石提炼制造的，而使用回收的铁材质包装物和炉渣，可以节省大约 40% 的能源。回收 1 只旧铝制易拉罐比重新制作 1 只新铝制易拉罐节省大约 90% 的资源。回收 1 吨废钢铁比新炼 1 吨钢铁节省大约 47% 的成本。

如果在家庭源头分类环节中能够将由多种材料制成的金属物品，依据金属、塑料、玻璃等不同材质进行拆解后丢弃，将会降低后续资源回收的难度，比如经过拆解的金属铁在垃圾混合物中很容易被大磁铁吸起，这对于可回收物的循环利用具有极其重要的意义。

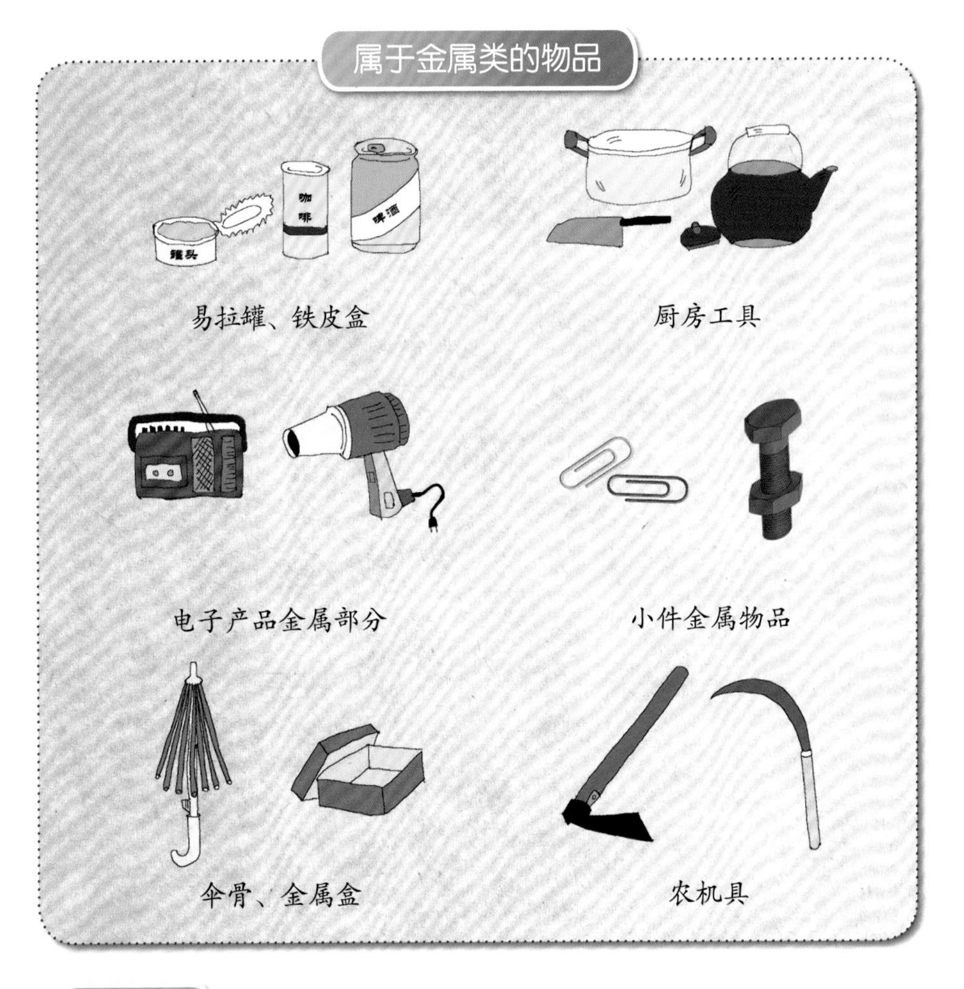

丢弃方法

★ 易拉罐、食品罐头盒等金属包装，应用尽内容物，取下塑料盖和塑料封口膜，揭去商标，弄干净后丢弃。塑料盖和塑料封口膜应作为塑料类可回收物丢弃，商标应依据材质进行丢弃。

★ 螺丝螺母、曲别针、啤酒瓶盖等小件金属，应放入带盖的盒子或塑料袋中再丢弃。

★ 剃须刀、收音机、儿童电子玩具等小型金属电子产品，请尽量延长使用寿命，丢弃前应取出电池。电池应作为有毒有害物丢弃。

★ 农药喷雾罐、杀虫杀菌喷雾罐等金属包装应作为有毒有害物丢弃。

★ 不含有毒有害内容物的喷雾压力罐需要在罐体打一个洞后再丢弃，喷雾罐的盖子作为塑料类可回收物丢弃。

★ 由金属和塑料等多种材质制成的物品，请尽量按材质拆解后丢弃，例如雨伞，伞骨为金属，伞把为塑料，伞布为织物或塑料。

金属类丢弃要点示意图

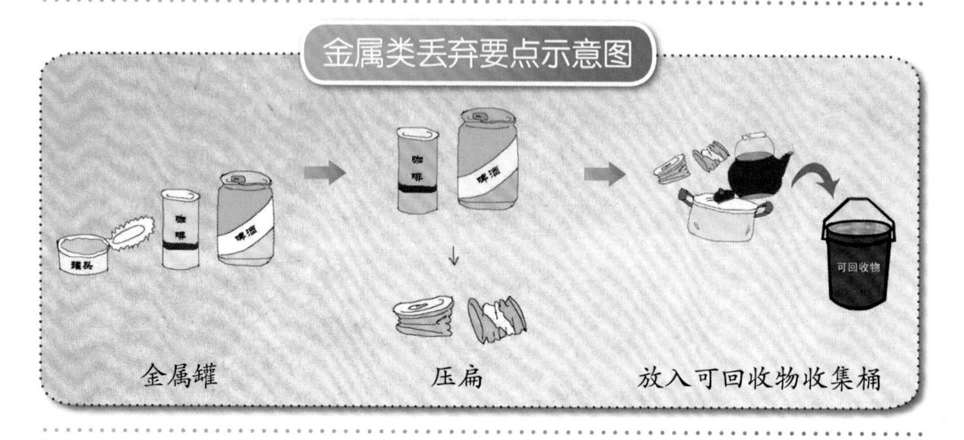

5. 织物类

衣服、裤子、手套、帽子、围巾、袜子、布鞋、布袋、雨伞布、毛绒玩具、布艺饰品、布艺包装、床上用品、窗帘、毛毯、地垫、沙发罩等都属于与日常生活密不可分的织物类，依照不同材质可以粗略分为棉质、麻质、丝质、化纤、纯毛、复合面料等。相当一部分的织物回收后可以进行再次利用，减少环境污染，节约能源。

有资料显示，我国每年约产生 2600 万吨旧衣服，每年在生产和销售环节产生的旧纺织品也达 2000 万吨，但是再利用率不到 14%。如果这些纺织品全部得到回收利用，每年可提供化学纤维 1200 万吨、天然纤维 600 万吨，相当于节约原油 2400 万吨，减排 8000 万吨二氧化碳，可见织物类的再生利用意义重大。

很多住宅区或街道都放置了回收旧衣服的专用箱，废品回收站也可以回收旧织物。依据织物的不同情况，漂亮的旧织物可以再次出售，干净并且有完整纽扣和拉链的冬装可以捐给贫困地区的居民御寒，干

燥易燃的旧织物可以用来焚烧发电。棉织物可以用来做清洁工具，比如制成工厂用来擦拭机器和零件的棉纱。涤纶和尼龙材质的织物还可以作为化工原料，制成再生塑料颗粒，生产出再生塑料制品，有些旧织物可以用来做填充材料或起绝缘、隔热作用的隔离缓冲材料。

在家庭源头分类环节需要注意，丢弃织物类物品时尽量避开阴雨天气，避免织物受潮影响循环利用。

属于织物类的物品

衣物　　床上用品、窗帘　　布艺品

丢弃方法

★ 丢弃织物类时请尽量避开阴雨天气。

★ 窗帘、毛毯等物品折叠成小体积后丢弃。

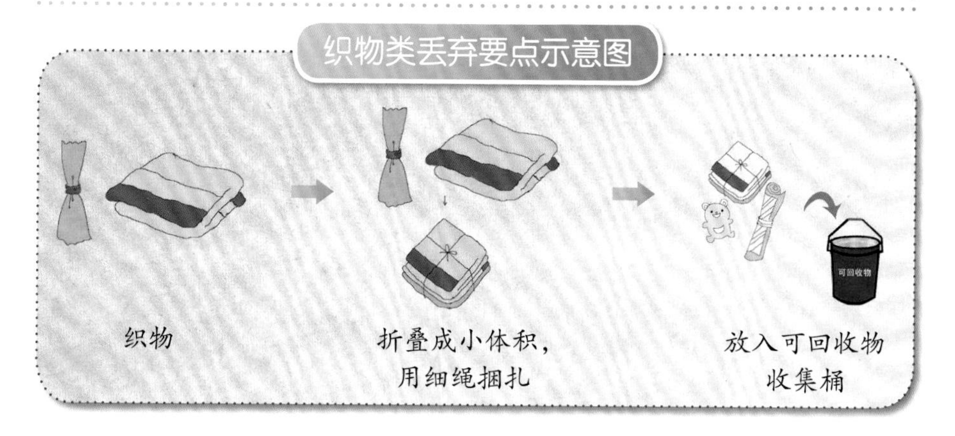

第三节 有毒有害物

有毒有害物（每季度收集）在生活垃圾中所占比例不到 1%，主要包括各类电池、灯管、灯泡、水银温度计、暖瓶胆、打火机、小电器、线路板、电子元器件、手机、油漆桶、涂料桶、农药瓶、特殊药品容器、洗涤剂、化妆品、鞋油鞋刷、杀虫剂、美发用摩丝等起泡瓶、医疗垃圾，以及碎玻璃、碎瓷砖、陶瓷碎片等尖锐物品（需包裹好后投放）。

“两桶一网箱”分类方法中，农户可将有毒有害物放入收集网箱中，由工作人员定期收集并送往指定处理点进行安全处理。

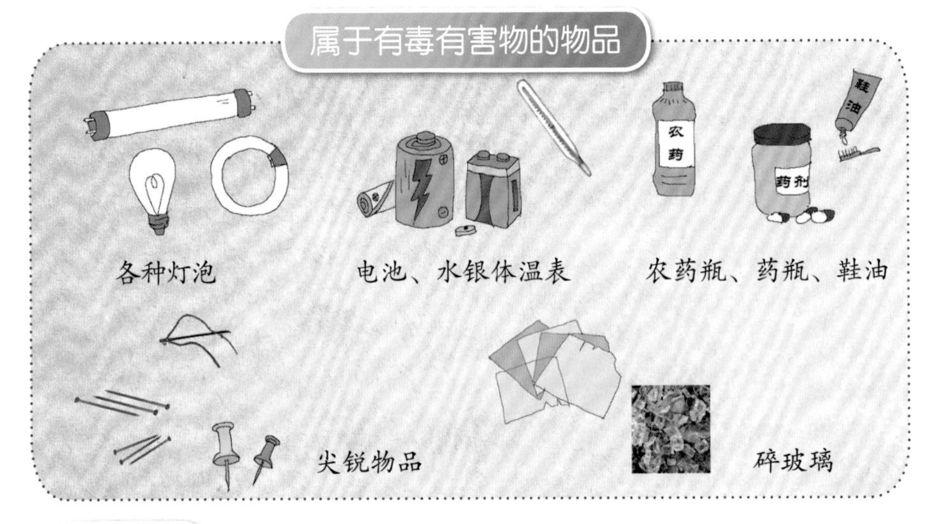

丢弃方法

★ 充电电池、干电池、纽扣电池等物品需用透明塑料袋包裹后放入有毒有害物网箱。

★ 水银体温计、灯管、灯泡等物品需用透明塑料袋包裹后放入有毒有害物网箱。

★ 油漆桶、涂料桶、农药瓶、杀虫剂瓶、特殊药品容器需用尽

内容物后，盖上容器盖，放入有毒有害物网箱。

★ 破碎的玻璃有尖锐的边缘，需装入透明塑料袋中包裹好，再放入有毒有害物网箱。

★ 钉子、大头针、缝纫针等尖锐物品需盖上针头帽，放入带盖的盒子里或用透明塑料袋包裹好后放入有毒有害物网箱。

★ 家庭医疗所产生的少量医疗废弃物，如点滴瓶、注射器、带血的棉签纱布、手术刀和过期药品等物品，由于这类物品含有一定的有害病原物或特殊成分，直接丢弃可能会使工作人员受到伤害，因此这类家庭医疗废弃物属于有毒有害物，需放入有毒有害物网箱，由专业部门进行处理。针头等尖锐物品需盖上针头帽，包裹好再丢弃，避免工作人员受伤。

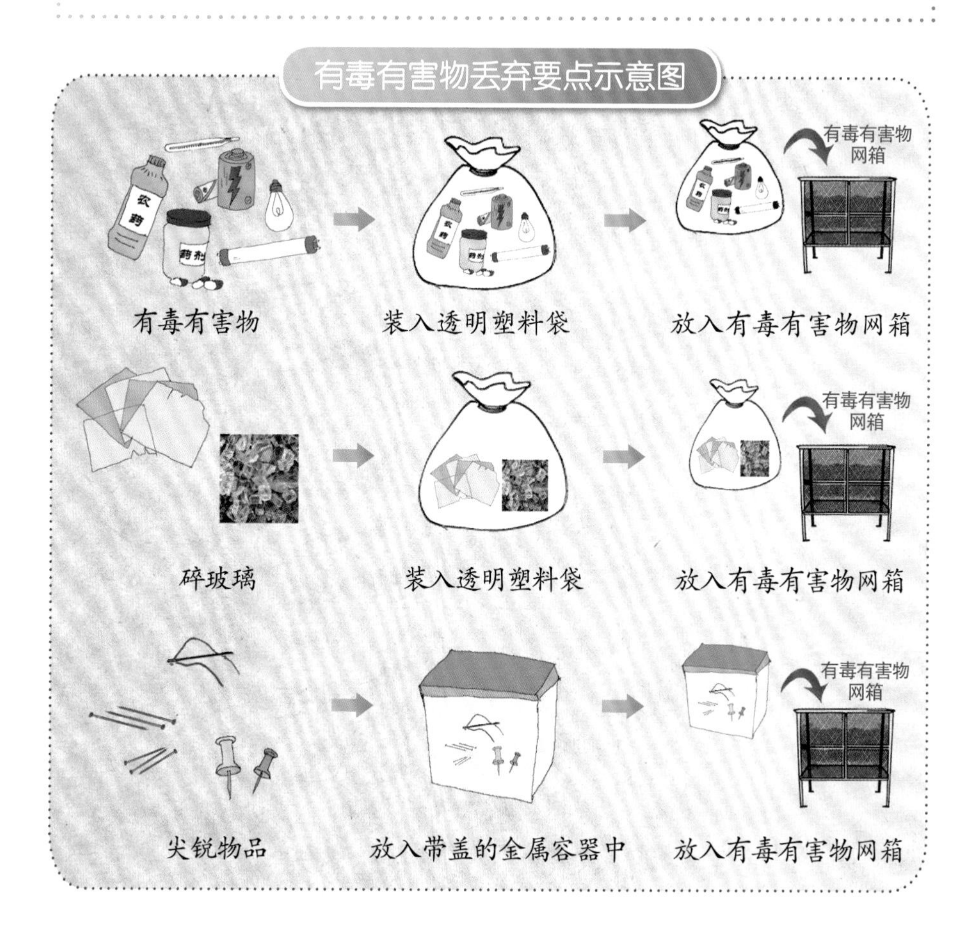

第四部分

可堆腐物的华丽变身——有机土

一、有机土

有机土指通过合理控制化学和物理条件，利用微生物的作用将可堆腐物转化成稳定、无害的产物，该产物即为有机土。有机土的生产过程能有效杀灭可堆腐物中可能存在的病虫卵、病原微生物和杂草种子等。所获得的有机土颜色通常呈棕色、棕黑色或黑色，性质稳定，无明显异味，含有一定量的腐殖质，各项指标均达到要求，对土壤有改良增益的作用。

有机土

二、哪些可堆腐物可用来生产有机土

农村生活垃圾的人均产生量每天每人为 1~2 千克，其中可堆腐物所占比例高达 70%，不同地区、不同季节可能有所差异。农村地区每年会产生大量的农业废弃物，如畜禽粪污、农作物秸秆、农田尾菜，这类废弃物属于可堆腐物，这些垃圾都可以作为原料，经过生物发酵处理生产出有机土或深加工成有机肥料。

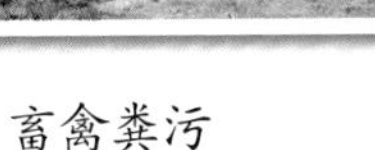

畜禽粪污

蔬菜秧子

生活垃圾中的可堆腐物

农作物秸秆

三、可堆腐物是怎么变成有机土的

采用静态好氧生物发酵的方法，在生态站内将直径大于20厘米的可堆腐物进行粉碎，调节物料的碳氮比、水分、粒径和孔隙度等参数，加入微生物制剂，对发酵过程中的氧气、温度、湿度等条件进行严格控制，在物理、生物、化学的共同作用下，将可堆腐物转化成有机土。

生态站

发酵

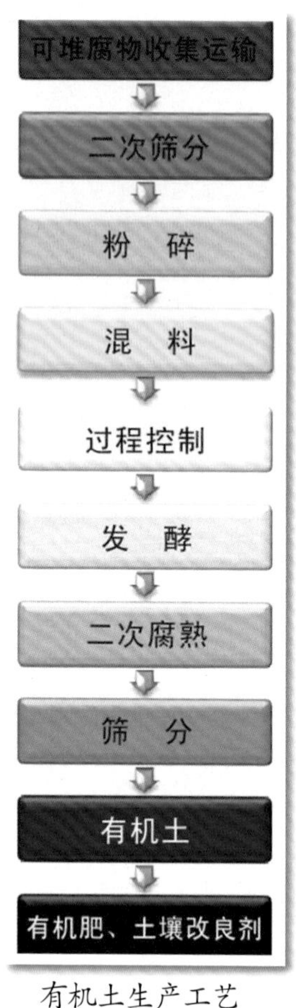

有机土生产工艺

四、有机土的用途

有机土可以直接用于土壤改良，也可以进行深加工，制成有机肥料、基质等用于农业生产，如与蛭石、珍珠岩、草炭等辅料进行混配，可改善基质的物理性状，对农作物的生长具有增益作用。

有机肥

基质

土壤改良

科普小贴士：可堆腐物家庭利用方法——做肥料

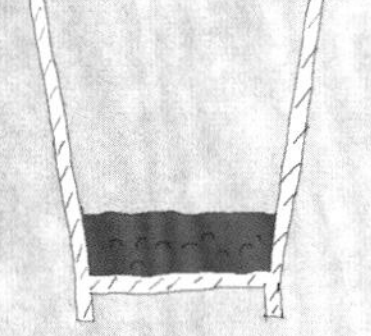
桶底铺一层
腐叶土或沙土

将可堆腐物切碎

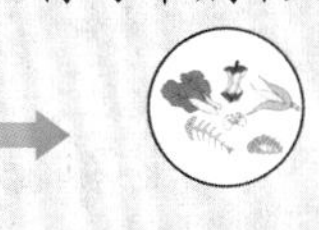

和发酵菌剂拌匀

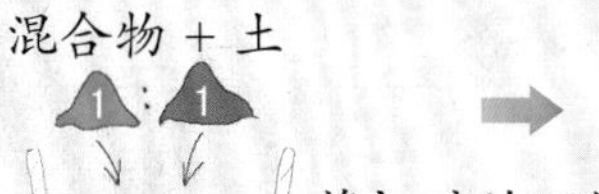

将切碎的可堆腐物和发酵菌剂混合，拌匀后与土按1∶1混合

表面覆盖一层薄土

表面浇水，保持湿润

用塑料薄膜扎紧桶的上口，密闭发酵1个月

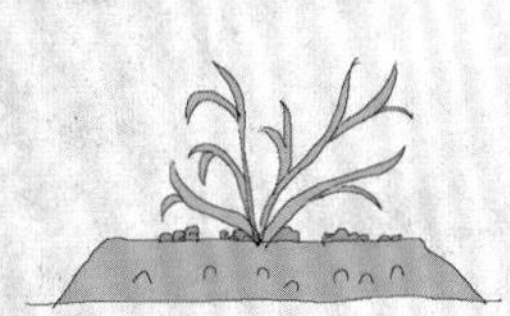
有机土可用来种花或者种菜

第五部分
美丽乡村生活垃圾
分类与丢弃方法速查

字母	物品名称	分类	建议丢弃方法
A	安全帽	可回收物	塑料类
	按摩椅	可回收物	小型家电。可委托专业人士进行处理
B	包装纸	可回收物	纸张类
	保鲜膜	可回收物	塑料类。保鲜膜纸芯可按纸张类丢弃
	保险箱	可回收物	金属类
	报纸	可回收物	纸张类。整理后以细绳捆扎后丢弃
	杯子	可回收物	可按纸张、塑料、金属、玻璃等材质分类丢弃
	贝壳	可堆腐物	–
	被套	可回收物	织物类
	便携式保温箱	可回收物	塑料类
	冰敷冰袋	可回收物	倒空冰袋内容物，晾干压平后丢弃
	冰箱、冰柜	可回收物	小型家电。可委托专业人士进行处理
	玻璃（碎）	有毒有害物	破碎的玻璃有尖锐的边缘，需要包裹后再丢弃
	玻璃（完整）	可回收物	玻璃类
	玻璃、陶瓷花瓶	可回收物	丢弃时请尽量保持完整
	玻璃化妆品容器	可回收物	玻璃类
	玻璃瓶	可回收物	玻璃类。取下盖子按材质分类丢弃
	玻璃瓶（彩妆瓶）	有毒有害物	–

（待续）

（续表）

字母	物品名称	分类	建议丢弃方法
B	玻璃瓶（饮料瓶、调味瓶）	可回收物	玻璃类。可取下盖子和标签，倒空内容物后丢弃
	玻璃制品	可回收物	玻璃类。是指玻璃杯、餐具、烟灰缸等玻璃制品
	布包	可回收物	织物类。可拆下金属纽扣等装饰物后丢弃
C	菜板、砧板（木质）	可堆腐物	–
	餐具刀、叉（金属制）	可回收物	金属类
	餐具烘干消毒机	可回收物	小型家电。保证安全的前提下尽量延长使用寿命
	餐盘、食品托盘	可回收物	可按塑料、金属材质分类，洗干净后丢弃
	插花泥	可堆腐物	–
	茶叶渣、药渣	可堆腐物	沥干水分后丢弃
	超市购物袋	可回收物	塑料类
	炒菜铲、勺等用具	可回收物	金属类
	炒锅、炖锅	可回收物	可按金属、玻璃等材质分类丢弃
	车轮	可回收物	可委托专业人士进行处理
	衬垫、鞋垫	可回收物	织物类
	宠物粪便	可堆腐物	可用纸等包裹后丢弃
	抽纸的盒子	可回收物	可按纸张、塑料材质分类丢弃
	除臭剂包装	可回收物	用尽内容物后按塑料、玻璃、金属等材质分类丢弃
	厨余垃圾	可堆腐物	沥干水分后丢弃，注意不要用塑料袋包裹

（待续）

（续表）

字母	物品名称	分类	建议丢弃方法
C	橱柜（木质）	可堆腐物	拆解后可锯成小体积，捆扎后丢弃
	传单、广告宣传页	可回收物	纸张类。整理后以细绳捆扎后丢弃
	传真机	可回收物	小型家电。保证安全的前提下尽量延长使用寿命
	窗帘	可回收物	织物类。可拆下金属环等装饰物，折叠并以细绳捆扎后丢弃
	窗帘导轨	可回收物	金属类
	床单	可回收物	织物类
	床垫	可回收物	织物类。可拆下弹簧等金属配件后丢弃
	吹风机	可回收物	小型家电。保证安全的前提下尽量延长使用寿命
	锤头、榔头	可回收物	金属类。木质手柄拆卸后按可堆腐物丢弃
	瓷砖、地砖	可回收物	–
	磁带	有毒有害物	可拆下塑料盒、纸质封面后丢弃，塑料盒、纸质封面按可回收物丢弃
	磁卡	可回收物	塑料类。剪卡后丢弃，注意保护个人信息
	磁铁、吸铁石	可回收物	金属类
D	打火机	有毒有害物	用尽内容物后丢弃
	打气筒	可回收物	可按金属、橡胶材质分类丢弃
	打印机	可回收物	小型家电
	刀具	可回收物	金属类。请将刀刃包裹后丢弃
	灯泡	有毒有害物	破碎的荧光灯管应装入透明塑料袋后丢弃

（待续）

（续表）

字母	物品名称	分类	建议丢弃方法
D	地垫	可回收物	可按织物、塑料材质分类丢弃
	地毯	可回收物	织物类。折叠并以细绳捆扎后丢弃
	电动工具	可回收物	小型家电。保证安全的前提下尽量延长使用寿命
	电动剃须刀	可回收物	小型家电。保证安全的前提下尽量延长使用寿命
	电饭煲	可回收物	小型家电。保证安全的前提下尽量延长使用寿命
	电风扇	可回收物	小型家电。保证安全的前提下尽量延长使用寿命
	电话机	可回收物	小型家电。保证安全的前提下尽量延长使用寿命
	电缆线	可回收物	可捆扎后丢弃
	电脑	可回收物	小型家电。保证安全的前提下尽量延长使用寿命
	电脑显示器	可回收物	小型家电。保证安全的前提下尽量延长使用寿命
	电暖炉	可回收物	小型家电。保证安全的前提下尽量延长使用寿命
	电暖气	可回收物	小型家电。保证安全的前提下尽量延长使用寿命
	电热垫	可回收物	小型家电。保证安全的前提下尽量延长使用寿命
	电热水壶	可回收物	小型家电。保证安全的前提下尽量延长使用寿命
	电热毯	可回收物	小型家电。保证安全的前提下尽量延长使用寿命
	电扇、换气扇	可回收物	小型家电。保证安全的前提下尽量延长使用寿命
	电视机	可回收物	小型家电。保证安全的前提下尽量延长使用寿命

（待续）

（续表）

字母	物品名称	分类	建议丢弃方法
D	电源线、电源插排	可回收物	可捆扎后丢弃
	电子体温计	可回收物	–
	电子血压计	可回收物	小型家电。保证安全的前提下尽量延长使用寿命。注意丢弃前务必取出电池
	钓鱼竿	可回收物	注意竹制鱼竿为可堆腐物，可锯短捆扎后丢弃
	钉子、大头针等尖锐物品	有毒有害物	可放入带盖的金属容器中丢弃
E	儿童餐椅	可回收物	–
	儿童汽车安全座椅	可回收物	保证安全的前提下尽量延长使用寿命
	儿童澡盆	可回收物	塑料类
	耳机	可回收物	–
F	芳香剂盒	可回收物	可按塑料、玻璃等材质分类丢弃
	防震缓冲材料	可回收物	塑料类。可压缩成小体积后装入塑料袋中丢弃
	废木头条、木板	可堆腐物	可拆下金属钉子等部分，锯成长度小于 20 厘米，以细绳、麻绳或纸绳捆扎后丢弃
	废弃药品、过期药品	有毒有害物	液体药品需无破损，用透明塑料袋包裹后丢弃
	粉笔	可堆腐物	–
	风琴	可回收物	–
	缝纫机	可回收物	小型家电
	缝纫针、针	有毒有害物	可放入带盖的金属容器中丢弃
	复写纸、蓝靛纸	有毒有害物	–

（待续）

（续表）

字母	物品名称	分类	建议丢弃方法
G	干电池	有毒有害物	–
	膏药	可堆腐物	注意大量废弃膏药应送至医疗废弃物回收点，委托专业人士进行处理
	隔尿垫	可堆腐物	在卫生间将污物处理干净后丢弃
	工具类	可回收物	可按金属、塑料等材质分类丢弃。锋利边缘的需用透明塑料袋包裹后丢弃
	管状容器（芥末管、牙膏管等）	可回收物	用尽内容物后按金属、塑料材质分类丢弃
	光盘 CD、VCD、DVD	有毒有害物	可拆下塑料盒、纸质封面后丢弃，塑料盒、纸质封面按可回收物丢弃
	光盘 CD、VCD、DVD 播放机	可回收物	小型家电。保证安全的前提下尽量延长使用寿命
H	海绵	可回收物	塑料类
	盒式录音机	可回收物	小型家电
	红色印泥盒	可回收物	应用尽内容物后丢弃
	花盆	可回收物	–
	滑板车、滑板	可回收物	–
	滑冰鞋	可回收物	–
	画笔	可堆腐物	可拆下金属部分后丢弃，金属部分可按可回收物丢弃
	画框	可回收物	按金属、塑料、玻璃材质分类丢弃
J	吉他、电吉他	可回收物	小型家电
	计算器	可回收物	小型家电。保证安全的前提下尽量延长使用寿命

（待续）

（续表）

字母	物品名称	分类	建议丢弃方法
J	记号笔	有毒有害物	–
	加湿器	可回收物	小型家电。倒空机器内的水
	家庭医疗废弃物	有毒有害物	–
	家用梯子	可回收物	金属类
	煎锅	可回收物	金属类
	剪刀	可回收物	请用胶带包裹刀刃后丢弃
	奖杯	可回收物	可按金属、塑料材质分类丢弃
	酱汁的容器	可回收物	用尽内容物，冲洗晾干后按塑料、玻璃、金属等材质分类丢弃
	胶带	可回收物	塑料类
	胶卷（底片）	有毒有害物	–
	搅拌机	可回收物	小型家电
	金属点心盒	可回收物	金属类。用尽内容物后丢弃
	净水器滤芯	可回收物	–
	镜子	有毒有害物	装入透明塑料袋中丢弃。破碎的镜子有尖锐的边角，请包裹后丢弃
	锯	可回收物	用胶带包裹锯条后丢弃，木质手柄可作为可堆腐物丢弃
K	开窗信封	可回收物	纸张类。可取下塑料膜、玻璃纸后丢弃
	烤箱	可回收物	小型家电。保证安全的前提下尽量延长使用寿命
	空气净化器	可回收物	小型家电。保证安全的前提下尽量延长使用寿命

（待续）

（续表）

字母	物品名称	分类	建议丢弃方法
K	空气炸锅	可回收物	小型家电。保证安全的前提下尽量延长使用寿命
	空调	可回收物	送至家电回收点进行处理
	口琴	可回收物	–
	枯枝落叶	可堆腐物	细小树枝等可用纸绳或麻绳捆扎后丢弃，如玫瑰等带刺的树枝应用纸包裹后再丢弃
L	蜡烛	可堆腐物	–
	利乐包装	可回收物	倒空内容物，晾干压平后丢弃。由铝膜等多层材质制成
	脸盆	可回收物	可按塑料、金属材质分类丢弃
	凉席	可堆腐物	可拆下不同材质的装饰物，折叠并以细绳捆扎后丢弃
	晾衣竿	可回收物	可按塑料、金属材质分类丢弃
	晾衣夹子	可回收物	可按塑料、金属材质分类丢弃
	晾衣架	可回收物	可按塑料、金属材质分类丢弃
	蔺草席、苇帘子	可堆腐物	整理后以细绳、麻绳或纸绳捆扎后丢弃
	领带	可回收物	织物类
	录像带	有毒有害物	可拆下塑料盒、纸质封面后丢弃，塑料盒、纸质封面按可回收物丢弃
	录像机	可回收物	小型家电
	轮胎	可回收物	橡胶类。可委托专业人士进行处理
	轮椅	可回收物	保证安全的前提下尽量延长使用寿命

（待续）

（续表）

字母	物品名称	分类	建议丢弃方法
L	铝箔	可回收物	金属类
	铝罐	可回收物	金属类
	铝制品	可回收物	金属类
M	麻绳	可堆腐物	–
	马桶圈	可回收物	塑料类
	盲文纸	可回收物	纸张类
	猫砂（宠物粪便用）	可堆腐物	–
	毛发、头发	可堆腐物	–
	毛巾	可回收物	织物类
	毛绒玩具	可回收物	织物类。可拆下金属、塑料等装饰材料后分类丢弃
	毛绒玩具包装	可回收物	可按纸张、塑料等材质分类丢弃
	毛毯	可回收物	织物类
	毛线、缝纫线	可回收物	织物类
	帽子	可回收物	织物类
	煤灰、炉灰	可堆腐物	注意务必完全熄灭后再丢弃
	煤气罐	有毒有害物	委托专业人士进行处理
	煤气灶	可回收物	可拆下灶台、煤气管，按金属、橡胶材质分类丢弃。注意丢弃前务必取出电池
	棉被	可回收物	织物类
	棉花	可堆腐物	–

（待续）

（续表）

字母	物品名称	分类	建议丢弃方法
M	面包机	可回收物	小型家电。保证安全的前提下尽量延长使用寿命
	灭火器	可回收物	委托专业人士进行处理
	摩托车	可回收物	委托专业人士进行处理
	墨盒	有毒有害物	装入透明塑料袋中丢弃。下雨天请勿丢弃
	木凳	可堆腐物	可拆下金属钉子等部分，锯成长度小于 20 厘米，以细绳、麻绳或纸绳捆扎后丢弃
	木炭	可堆腐物	–
	木质画框	可堆腐物	可拆下金属钉子、玻璃等部分后丢弃。金属、玻璃按可回收物丢弃
	木质家具	可堆腐物	可拆下金属钉子等部分，锯成长度小于 20 厘米，以细绳、麻绳或纸绳捆扎后丢弃。大件家具请自行运送至回收站处理
	木质清洁刷	可堆腐物	–
	木质扇子	可堆腐物	–
	木质衣柜	可堆腐物	可拆解后锯成小体积，捆扎后丢弃
	木质桌椅	可堆腐物	可拆下金属配件，锯成小体积，捆扎后丢弃
N	奶瓶	可回收物	可按玻璃、塑料等材质分类丢弃
	黏土、手工黏土	可堆腐物	–
	鸟笼、宠物笼（金属制）	可回收物	金属类
	鸟笼、宠物笼（木质）	可堆腐物	可拆下金属、塑料配件后丢弃
	纽扣	可回收物	可按塑料、金属、织物等材质分类丢弃

（待续）

（续表）

字母	物品名称	分类	建议丢弃方法
N	纽扣电池、充电电池	有毒有害物	–
	农机具	可回收物	金属类
	农药的容器	有毒有害物	用尽内容物后丢弃
	农用棚膜、塑料地膜	可回收物	塑料类
	暖风机	可回收物	小型家电。保证安全的前提下尽量延长使用寿命
	暖瓶胆	有毒有害物	尽量保持完整，不要打破
	暖水瓶、水壶	可回收物	可按金属、塑料等材质分类丢弃
P	盘子	可回收物	可按金属、塑料、玻璃等材质分类丢弃
	跑步机、踏步机等健身器材	可回收物	小型家电。保证安全的前提下尽量延长使用寿命
	泡沫塑料	可回收物	塑料类
	泡沫箱	可回收物	塑料类
	喷雾罐	可回收物	可按塑料、金属等材质分类丢弃。应用尽内容物后丢弃
	喷雾罐杀虫剂	有毒有害物	用尽内容物后丢弃
	皮带	可回收物	–
	皮革制品	可回收物	–
	瓶盖	可回收物	可按塑料、金属、纸张等材质分类丢弃
Q	启辉器	可回收物	–
	气球	可回收物	塑料类

（待续）

（续表）

字母	物品名称	分类	建议丢弃方法
Q	清洁刷	可回收物	可按金属、塑料材质分类丢弃
	球	可回收物	塑料类
R	染发剂	有毒有害物	可拆下外包装后丢弃，外包装按可回收物丢弃
	染发剂容器	有毒有害物	尽量用尽内容物后丢弃
	热水袋	可回收物	可按金属、塑料材质分类丢弃
	热水器	可回收物	小型家电
	褥子、垫子	可回收物	织物类
	软盘	有毒有害物	可拆下塑料盒、纸质封面后丢弃，塑料盒、纸质封面按可回收物丢弃
S	扫帚（塑料）	可回收物	塑料类
	扫帚（猪鬃、竹枝、高粱秆等材质）	可堆腐物	–
	杀虫剂、杀虫饵胶	有毒有害物	用尽内容物后再丢弃
	沙发	可回收物	–
	纱窗	可回收物	纱窗的纱网有塑料和金属材质，请分类后丢弃
	砂锅	可回收物	–
	上下铺（铁管）	可回收物	–
	摄像机	可回收物	小型家电
	食用油	可堆腐物	–
	手电筒	可回收物	按塑料、金属等材质拆分后丢弃。注意丢弃前务必取出电池

（待续）

（续表）

字母	物品名称	分类	建议丢弃方法
S	手机	可回收物	小型家电。保证安全的前提下尽量延长使用寿命。注意丢弃前务必取出电池
	手套	可回收物	可按织物、皮革、塑料等材质分类丢弃
	书包	可回收物	取下金属等配件后丢弃
	书籍、杂志	可回收物	纸张类。整理后以细绳捆扎后丢弃
	梳妆台	可回收物	可拆解后锯成小体积，捆扎后丢弃
	梳子（塑料）、一次性梳子	可回收物	塑料类
	数码相机、相机	可回收物	小型家电。保证安全的前提下尽量延长使用寿命。注意丢弃前务必取出电池
	水槽	可回收物	可按金属、陶瓷等材质分类丢弃
	水壶	可回收物	可按金属、塑料、玻璃等材质分类丢弃
	水银体温计	有毒有害物	装入透明塑料袋中，丢弃时保持完整，不要打碎
	丝袜	可回收物	织物类
	塑胶软管	可回收物	塑料类。用细绳捆扎后丢弃
	塑料板	可回收物	塑料类
	塑料袋、塑料膜、塑料板制品	可回收物	塑料类。去掉表面污渍，晾干后丢弃
	塑料垫板	可回收物	塑料类
	塑料饭盒	可回收物	塑料类。倒空内容物，洗净晾干后丢弃
	塑料管、橡胶管	可回收物	–
	塑料花盆	可回收物	塑料类。倒空泥土等内容物后丢弃
	塑料化妆品容器	可回收物	塑料类。清空内容物，取下盖子，分类丢弃

（待续）

（续表）

字母	物品名称	分类	建议丢弃方法
S	塑料鸡蛋托	可回收物	塑料类
	塑料乐扣制品	可回收物	塑料类
	塑料模型	可回收物	塑料类
	塑料盆	可回收物	塑料类。可洗净晾干后丢弃
	塑料瓶	可回收物	塑料类。取下盖子，倒空内容物，晾干后丢弃
	塑料三角尺、直尺	可回收物	塑料类
	塑料扇子	可回收物	塑料类
	塑料水彩调色板、碟	可回收物	塑料类。清空颜料等内容物后丢弃
	塑料桶	可回收物	塑料类
	塑料整理箱、收纳箱	可回收物	塑料类
	塑料转椅	可回收物	可拆下织物坐垫、金属钉子等部分，分类丢弃
T	台灯	可回收物	小型家电。保证安全的前提下尽量延长使用寿命
	太阳能热水器	可回收物	小型家电。保证安全的前提下尽量延长使用寿命
	陶瓷器皿	可回收物	丢弃时请保持完整，不要打碎
	陶土花盆	可回收物	–
	体重秤	可回收物	请注意丢弃前务必取出电池
	天体望远镜	可回收物	小型家电。保证安全的前提下尽量延长使用寿命
	调料瓶	可回收物	用尽内容物，冲洗干净，取下盖子和标签后，按不同材质分类丢弃
	铁管、铁板、铁棒	可回收物	金属类

（待续）

（续表）

字母	物品名称	分类	建议丢弃方法
T	铁锹	可回收物	金属类。木质手柄可拆卸后按可堆腐物丢弃
	铁丝、铜丝、金属丝	可回收物	金属类
	铁桶	可回收物	金属类
	庭院花草	可堆腐物	–
	图书夹、曲别针	可回收物	金属类。可放入带盖的金属容器中丢弃
	拖把	可回收物	可按金属、塑料、织物材质分类丢弃
	拖鞋	可回收物	可按塑料、织物材质分类丢弃
W	袜子	可回收物	织物类
	玩具	可回收物	按塑料、金属等材质分类丢弃
	碗	可回收物	可按塑料、陶瓷等材质分类丢弃
	网球拍（碳钢）	可回收物	–
	微波炉	可回收物	小型家电。保证安全的前提下尽量延长使用寿命
	卫生巾	可堆腐物	在卫生间将污物处理干净后丢弃
	温度计、体温计	有毒有害物	装入透明塑料袋中丢弃。雨天请勿丢弃
	文件夹、活页夹	可回收物	可拆下塑料配件后，按塑料类丢弃
	文具	可回收物	按塑料、金属等材质分类丢弃
X	吸尘器	可回收物	小型家电。保证安全的前提下尽量延长使用寿命
	吸油纸	可回收物	纸张类

（待续）

（续表）

字母	物品名称	分类	建议丢弃方法
X	硒鼓	有毒有害物	装入透明塑料袋中丢弃。雨天请勿丢弃
	洗发水、护发素塑料瓶	可回收物	塑料类。清空内容物，取下盖子，分类丢弃
	洗碗机	可回收物	小型家电。保证安全的前提下尽量延长使用寿命
	洗衣机	可回收物	家电类。保证安全的前提下尽量延长使用寿命
	洗衣篮	可回收物	塑料类
	行李箱	可回收物	–
	线轴	可回收物	可按纸张、塑料、金属等材质分类丢弃
	相册	可回收物	可拆下塑料膜、金属、纸张等部分，分类丢弃
	橡胶制品	可回收物	橡胶类
	橡皮擦	可回收物	应尽量用尽
	橡皮筋	可回收物	–
	小提琴	可回收物	–
	鞋	可回收物	–
	鞋油	有毒有害物	–
	信封	可回收物	纸张类。整理后以细绳捆扎后丢弃
	修剪下的树枝	可堆腐物	整理后以细绳、麻绳或纸绳捆扎后丢弃
Y	牙膏管	可回收物	塑料类。用尽内容物后丢弃
	牙刷	可回收物	塑料类

（待续）

（续表）

字母	物品名称	分类	建议丢弃方法
Y	烟花（未燃放）	有毒有害物	可能有爆炸、着火的危险，请使用后再丢弃
	烟花（已燃放）	可回收物	纸张类。务必确保完全熄灭后丢弃
	烟头	可堆腐物	务必确保完全熄灭后丢弃
	颜料管、罐	可回收物	塑料类。清空颜料等内容物后丢弃
	眼镜	可回收物	塑料类
	遥控器	可回收物	塑料类。丢弃前务必取出电池
	药品外包装	可回收物	纸质药盒、药品说明书、塑料包装袋等可按纸质、塑料材质分类丢弃。外包装需未直接接触药品
	钥匙链	可回收物	可按金属、塑料、玻璃、织物材质分类丢弃
	一次性暖贴、暖宝宝	可堆腐物	可拆下塑料和织物包装后丢弃，外包装按可回收物丢弃
	一次性泡面碗、杯	可回收物	塑料类。部分含有纸盖或铝盖
	一次性剃须刀	可回收物	可拆下塑料手柄和金属刀头后丢弃。刀片有锋利的边缘，请放入带盖的金属容器中或包裹后丢至有毒有害物网箱
	衣服	可回收物	织物类。可拆下金属纽扣等装饰物后丢弃。完整干净的旧衣物可送至附近的旧衣物回收箱
	衣物整理箱	可回收物	按塑料或织物材质分类丢弃
	音箱	可回收物	小型家电。保证安全的前提下尽量延长使用寿命
	饮料、奶制品纸盒	可回收物	纸张类。倒空内容物，晾干压平后丢弃
	婴儿车	可回收物	可按金属、织物等材质拆解后丢弃
	荧光灯管	有毒有害物	破碎的荧光灯管应装入透明塑料袋中丢弃

（待续）

（续表）

字母	物品名称	分类	建议丢弃方法
Y	荧光灯泡	有毒有害物	破碎的荧光灯泡应装入透明塑料袋中丢弃
	应急照明灯	可回收物	小型家电。保证安全的前提下尽量延长使用寿命
	油漆涂料、广告颜料	有毒有害物	应盖好容器盖，丢弃至有毒有害物网箱
	油漆涂料、广告颜料的容器	有毒有害物	用尽内容物，盖好盖子后丢弃
	游戏软件光盘	有毒有害物	可拆下塑料盒、纸质封面后丢弃，塑料盒、纸质封面按可回收物丢弃
	鱼缸	可回收物	丢弃时请保持完整，不要打碎
	鱼线、钓线	可回收物	塑料类
	雨伞、遮阳伞	可回收物	可拆下伞骨、伞布，按塑料、金属、织物材质分类丢弃
	雨鞋、雨靴	可回收物	塑料类
	雨衣、雨披	可回收物	塑料类
	浴缸	可回收物	–
	浴巾	可回收物	织物类。折叠成小体积后丢弃
	浴室防滑垫	可回收物	塑料类
	圆珠笔	可回收物	塑料类。注意务必取出笔芯后再丢弃，笔芯为有毒有害物
	圆珠笔杆	可回收物	塑料类
	圆珠笔芯	有毒有害物	–
	熨斗	可回收物	金属类小型家电。保证安全的前提下尽量延长使用寿命
	熨衣板	可回收物	可拆下织物、塑料、金属等部分，分类丢弃

（待续）

（续表）

字母	物品名称	分类	建议丢弃方法
Z	杂志	可回收物	纸张类。整理后以细绳捆扎后丢弃
	榨汁机、料理机	可回收物	小型家电。保证安全的前提下尽量延长使用寿命
	蟑螂屋	有毒有害物	–
	帐篷	可回收物	可按塑料、金属、织物等材质分类丢弃
	照片	可回收物	纸张类
	枕头	可回收物	织物类。荞麦枕芯可按可堆腐物丢弃
	纸袋	可回收物	纸张类。可压平折叠、捆扎后丢弃。提手部分可按纸质、塑料、织物等拆下后分类丢弃
	纸尿裤（成人、儿童）	可堆腐物	在卫生间将污物处理干净后丢弃
	纸箱	可回收物	纸张类。可压平折叠，以纸绳、麻绳或细绳捆扎后丢弃
	纸质鸡蛋托	可回收物	纸张类
	指甲刀	可回收物	金属类。可拆下塑料部分后丢弃
	钟表	可回收物	注意务必取出电池后丢弃
	竹签子	可堆腐物	折断尖端后丢弃
	装修地砖、墙砖	可回收物	–
	自动铅笔	可回收物	塑料类。注意务必取出笔芯再丢弃，笔芯为可堆腐物
	自行车、三轮车	可回收物	金属类。保证安全的前提下尽量延长使用寿命
	坐垫	可回收物	织物类

附录 生活垃圾分类标志（GB/T 19095—2008）

标志	名称	标志	名称	标志	名称
可堆肥垃圾 Compostable waste	可堆肥垃圾	可回收物 Recyclable waste	可回收物	有害垃圾 Harmful waste	有害垃圾
大件垃圾 Bulky waste	大件垃圾	可燃垃圾 Combustible waste	可燃垃圾	其他垃圾 Other waste	其他垃圾
纸类 Paper	纸类	塑料 Plastic	塑料	金属 Metal	金属
玻璃 Glass	玻璃	织物 Textile	织物	瓶罐 Bottle & Can	瓶罐
电池	电池	餐厨垃圾	餐厨垃圾